基礎化学実験

― 実験操作法Web動画解説付 ―

第2版 増補

京都大学
大学院人間・環境学研究科
化学部会　編

共立出版

はじめに

　本テキストは大学初年次における化学実験授業のための実験書である．化学とは物質の構造・性質・反応を原子・分子レベルで考察する学問である．20世紀における化学の発展は近代産業の基盤となる種々の物質の生産技術を飛躍的に進歩させると同時に，自然界には存在しない新規材料を生み出し，これらが現代の豊かで健康的な生活を支えている．しかし，大量生産・大量消費に起因する資源の枯渇と地球環境の悪化が問題視される21世紀初頭の現在，化学の立場から物事を見る目を養い，現代文明の在り方を根源的に見直す必要がある．そのため，目指そうとする専門にかかわらず化学の基礎を学ぶことが望まれる．目に見えない原子・分子の世界に対する洞察力を養うには，化学理論の学習とあわせて化学実験を行うことが必須と考える．すなわち，物質を実際に手に取り，その性質や反応を自分の目で観察することが不可欠である．また，その作業を通して実験手法と器具操作法を習得すると同時に，実験の安全と環境保全の基本を学ぶことも重要である．

　本テキストの構成と特徴を以下に記す．

- 半期授業を念頭において【無機定性分析実験】，【容量分析実験】，【有機化学実験】の3分野の実験実習を配し，化学全般をカバーする．
- 上記の実験実習を円滑に開始できるよう，最初に化学実験の【基本操作】を詳しく解説する．
- 化学実験を経験したことがない受講生を想定して，実験手順をできるだけ具体的，かつ，ていねいに記述する．
- 最後に【付録】を配して，実験内容の理論的背景と関連する事項を説明する．
- 一つの実習テーマは連続した2講時（90分×2）で完結する内容となっている．
- グループ実験ではなく，受講生一人ひとりが初めから終わりまで一人で実験を行える実験テーマを選んでいる．

本テキストは，京都大学全学共通科目【分析化学及び環境化学実験】教科書「無機定性分析実験」と同科目【合成及び測定実験】教科書「合成及び測定実験」の内容を継承したものである．これら授業の企画運営と教科書執筆に関係された当部局の諸先生・諸先輩の本テキスト作成に対する貢献は筆に尽くせるものではない．また，全学共通科目【基礎化学実験】は京都大学全理系学部と協力して運営されており，学外非常勤講師の先生方を含めて，実験指導にあたられた多数の方々の尽力に負うところが大きい．ここに心から感謝する次第である．

なお，本実験ではビデオ動画資料を Web 配信して，効率のよい予習ができるよう工夫している．http://www.chem.zenkyo.h.kyoto-u.ac.jp/

2007 年 12 月

京都大学　大学院人間・環境学研究科　化学部会

第 2 版出版にあたって

初版刊行以来，本テキストは京都大学全学共通科目【基礎化学実験】教科書として使用されてきた．その間，実験内容とテキストの記載に対して，多くの改善の提言を受けた．それらをまとめて，ここに第 2 版として上梓する．

ご協力いただいた教員・TA の皆様ならびに履修生諸君に心より感謝します．

2013 年 1 月

京都大学　大学院人間・環境学研究科　化学部会

第 2 版増補 改訂にあたって

京都大学全学共通科目【基礎化学実験】は，実習を通して化学の基本操作と内容を学ぶことが目的です．実験操作初心者への手助けとして，実験操作の Web 配信ビデオ動画資料を 2007 年に公開しました．増補改訂にあたり，京都大学学術情報メディアセンターの協力で動画資料 OCW 公開が実現し，各操作の URL を QR コードで記載しました．また，無機化学に関する錯体物質を中心に，新しい IUPAC 勧告に従って化合物名を改訂しました．

2019 年 2 月

京都大学　大学院人間・環境学研究科　化学部会

目次

第0章 化学実験の基礎　1
- 0.1 実験の安全 …………………………………………… 1
- 0.2 基本操作 ……………………………………………… 5
  - 0.2.1 容器と器具 ……………………………………… 5
  - 0.2.2 加熱 ……………………………………………… 11
  - 0.2.3 沈殿・結晶の分離 ……………………………… 15
  - 0.2.4 試料の分析 ……………………………………… 22
- 0.3 実験ノートとレポート ……………………………… 27
  - 0.3.1 実験ノート ……………………………………… 27
  - 0.3.2 レポート ………………………………………… 28
  - 0.3.3 測定値の取り扱い ……………………………… 30

第1章 無機定性分析実験　36
- 1.1 Fe^{3+}, Al^{3+} の基本反応（第III属カチオンの基本反応）…… 46
  - 1.1.1 Fe^{3+} の基本反応 ……………………………… 46
  - 1.1.2 Fe^{3+} の確認とその検出可能限界濃度 ……… 47
  - 1.1.3 緩衝溶液を用いた $Al(OH)_3$ 沈殿の完成 …… 48
  - 1.1.4 Al^{3+} の確認 …………………………………… 49
- 1.2 Ag^+, Pb^{2+} の基本反応（第I属カチオンの基本反応）…… 52
  - 1.2.1 Ag^+ と Pb^{2+} の分離 ………………………… 52
  - 1.2.2 Pb^{2+} の確認反応 ……………………………… 53
  - 1.2.3 Ag^+ の確認反応 ……………………………… 53
- 1.3 Cu^{2+}, Bi^{3+} の基本反応（第II属カチオンの基本反応）…… 56
  - 1.3.1 Cu^{2+}, Bi^{3+} の硫化物沈殿生成 …………… 56
  - 1.3.2 Cu^{2+} と Bi^{3+} の分離 ……………………… 57

vi 目次

    1.3.3 Cu^{2+} の確認 57

    1.3.4 Bi^{3+} の確認 58

1.4 Ni^{2+}, Co^{2+}, Mn^{2+}, Zn^{2+} の基本反応

    （第 IV 属カチオンの基本反応） 61

    1.4.1 Ni^{2+}, Co^{2+}, Mn^{2+}, Zn^{2+} の硫化物沈殿生成 61

    1.4.2 Ni^{2+}, Co^{2+} と Mn^{2+}, Zn^{2+} の分離 62

    1.4.3 Ni^{2+} と Co^{2+} の確認 63

    1.4.4 Mn^{2+} と Zn^{2+} の分離, Zn^{2+} の確認 63

    1.4.5 Mn^{2+} の確認 64

1.5   数種類の金属カチオンを含む未知試料の分析 72

    1.5.1   第 I 属カチオン (Ag^+, Pb^{2+}) の分離（属分離） 72

    1.5.2 Ag^+ と Pb^{2+} の分離（属内分離），確認 72

    1.5.3   第 II 属カチオン (Cu^{2+}, Bi^{3+}) の分離（属分離） 72

    1.5.4 Cu^{2+} と Bi^{3+} の分離（属内分離），確認 73

    1.5.5 Fe^{3+} と Al^{3+} の分離（第 III 属カチオン属内分離） 73

    1.5.6 Fe^{3+} の確認 73

    1.5.7 Al^{3+} の確認 73

1.6 Ca^{2+}, Sr^{2+}, Mg^{2+} の基本反応

    （第 V 属，第 VI 属カチオンの基本反応） 74

    1.6.1 Ca^{2+}, Sr^{2+} と Mg^{2+} の分離, Mg^{2+} の確認 74

    1.6.2 Ca^{2+} と Sr^{2+} の分離 75

    1.6.3 Ca^{2+} と Sr^{2+} の確認 75

    1.6.4   アルカリ金属およびアルカリ土類金属元素の炎色反応 76

1.7   アニオンの分離および確認 80

1.8   コバルト錯体の合成と分析 83

    1.8.1   ペンタアンミンクロリドコバルト (III) 塩化物 の合成 83

    1.8.2   コバルト (III) 錯体の分析 84

第 2 章 容量分析実験   **87**

2.1   酸塩基（中和）滴定 ―定量実験の基礎― 90

    2.1.1   試料溶液, 標準溶液および滴定液の準備 90

	2.1.2　水酸化ナトリウム水溶液の標定	90
	2.1.3　水酸化ナトリウム水溶液による塩酸の滴定	91
2.2	キレート滴定 －水道水中の Ca^{2+} と Mg^{2+} の定量－	92
	2.2.1　標準溶液および滴定液の準備	95
	2.2.2　マグネシウム標準溶液による Na_2EDTA 水溶液の標定 ...	95
	2.2.3　水道水中のカルシウムイオンの定量	96
	2.2.4　水道水中のマグネシウムイオンの定量	96
2.3	ヨードメトリー －漂白剤中の $NaClO$ の定量－	97
	2.3.1　デンプン液の調製	98
	2.3.2　KIO_3 の精秤（精密電子天秤の使用）	98
	2.3.3　KIO_3 標準溶液の調製	98
	2.3.4　ヨードメトリーによる $Na_2S_2O_3$ 水溶液の標定	99
	2.3.5　漂白剤中の次亜塩素酸ナトリウム $NaClO$ の定量	100
2.4	酸化反応速度 －擬一次反応速度定数の測定－	101
2.5	活性炭によるシュウ酸の吸着	108
	2.5.1　シュウ酸水溶液の調製と活性炭による吸着	110
	2.5.2　NaOH 滴定液（約 0.03 mol/L）の調製	111
	2.5.3　NaOH 滴定液の標定	111
	2.5.4　活性炭によるシュウ酸の吸着量の算出	111
	2.5.5　飽和吸着量 W_s と吸着平衡定数 a の算出	112
2.6	加水分解反応速度の測定	113

第3章　有機化学実験　　118

3.1	有機定性分析	119
	3.1.1　溶解性試験	119
	3.1.2　官能基分析	120
	3.1.3　未知試料分析	121
3.2	有機化合物の構造と物性 －色素と蛍光－	123
	3.2.1　メチルレッドとメチルオレンジの合成	124
	3.2.2　フルオレセインの合成とその臭素化	125
3.3	有機合成 I －4-メトキシアニリンのアセチル化－	127

3.4 有機合成 II －ニトロ化と加水分解－ 130
    3.4.1 4-メトキシアセトアニリドのニトロ化 130
    3.4.2 4-メトキシ-2-ニトロアセトアニリドの加水分解 131
3.5 有機合成 III －アセトアニリドの臭素化－ 134
3.6 有機合成 IV －2-アミノ安息香酸の合成－ 136
    3.6.1 2-アミノ安息香酸の合成 137
    3.6.2 2-アセトアミド安息香酸の合成 138

付録 A 無機定性分析実験におけるイオン分離の原理   140
A.1 溶解度積と共通イオン効果 140
A.2 水酸化物の溶解度と溶液の pH 142
A.3 両性水酸化物の溶解度と pH 144
A.4 硫化物沈殿によるカチオンの分離 145
    A.4.1 硫化物の溶解度と硫化物イオンの濃度 145
    A.4.2 硫化物イオンの濃度と溶液の pH 147

付録 B 物質の色   148
B.1 可視光と物質の色 148
B.2 原子の電子構造と炎色反応 150
B.3 分子の電子構造と吸収スペクトル 151
B.4 色素と蛍光 152
B.5 無機沈殿の色 154

付録 C 原子スペクトル分析   155
C.1 化学炎原子吸光分析法 156
C.2 誘導結合プラズマ発光分析法 (ICP-AES) 157
C.3 原子吸光分析法による Ca^{2+} と Mg^{2+} の定量
    －水道水と河川水の分析－ 158
    C.3.1 標準溶液の調製 159
    C.3.2 試料水のろ過 160
    C.3.3 原子吸光分析装置による吸光度の測定 160
    C.3.4 検量線の作成と試料水中濃度の算出 161

付録 D	金属錯体とキレート	**162**
D.1	金属錯体とは	162
D.2	金属錯体の命名法	163
	D.2.1　配位子の名称	163
	D.2.2　金属錯体の化学式と名称	163
D.3	金属錯体の配位数と立体構造	164
D.4	遷移金属錯体の色	166

付録 E	酸塩基反応の平衡点	**167**
付録 F	核磁気共鳴 (NMR) スペクトル	**169**
付録 G	測定値の解析と評価	**175**
付録 H	最小二乗法による線形回帰	**177**
参考図書		**180**
索　　引		**181**

第 0 章

化学実験の基礎

0.1 実験の安全

化学実験では不注意に取り扱うと人体に有害となる薬品や，割れるとけがをしやすいガラス器具を使用する．それに加えて，火傷を起こしかねない加熱操作も行うので，当人はもとより周囲の者の安全について十分な注意を払わなければならない．

＜実験の準備と予習＞

実験に関わる一連の操作や反応をあらかじめ理解しておくことは，実験を正確に手際よく行うためだけではなく，実験を安全に実施する上でも重要である．実験ノートに手順をフローチャートとしてまとめておくのもよい方法である．また，事故に備え，緊急シャワー，消火器の位置，退避路を確認しておくことは安全確保上必須である．

＜実験中の注意＞

○飲食厳禁・手洗い励行

手に付いた薬品を口に入れてしまう事故につながるので，実験室内で飲食してはいけない．当然のことながら喫煙も許されない．実験器具は清潔に取り扱う必要があるので，実験前には手をよく洗う．また，実験中に気づかないうちに薬品が手に付くことがあるので，実験終了時にも手を洗うこと．

○保護メガネの着用と適切な服装

薬品やガラス片が目に入るときわめて危険であるので，保護メガネを必ず着用する．通常の実験操作時だけでなく緊急避難も考え，動きやすい服装を心掛け，長い髪は束ねる．また，薬品がかかることに備えて，実験着かそれと同等のものを着用する．足元にはスニーカーのような足を保護できるものを選び，サンダル，スリッパ，ミュール，ハイヒールは着用してはいけない．

○実験に集中

　注意が散漫にならないよう静かに行動し，私語は慎み，携帯電話は使用しない．また，実験終了後は速やかに退出し，実験中の者の邪魔にならないよう注意する．隣同士で相談することもあってよいが，その場合でもまわりに迷惑をかけないように静かに話すこと．

○整理整頓

　実験台の上は常に整理し，不必要なものは置かない．携行品は実験の邪魔にならないよう指定の場所に置く．天秤のまわりをはじめ共通部分は放置されがちであるが，自分から進んで清掃すること．実験室の床を濡れたまま放置しておくと，滑りやすく大変危険である．水や薬品をこぼしたらすぐにモップなどで拭いておく．

○薬品の慎重な取り扱い

　薬品が身体や顔，特に目にかかると大変危険なので，自分にも他人にもかからないよう注意する．それぞれの薬品には，それに適した取り扱い方法があるのでテキストと担当者の指示を守って取り扱うこと．また，薬品だけでなく自分が合成した物質の取り扱いにも十分注意を払う．指で直接触れるようなことはせず，ピンセットとスパチュラを用いて取り扱うこと．薬品類はそれが何かわかっているうちに処理するのが一番安全であり，それらをこぼしたらすぐに処理する．

○ガラス器具の慎重な取り扱い

　ガラス器具が割れると鋭利な刃物となる．無理な力をかけず，慎重に取り扱う．たとえば，ピペットに安全ピペッターやゴム球をつける際，ガラスかゴムを水で少し濡らすと力を入れずにはめることができる．また，ひびの入ったガラス器具は惜しまず取り替える．

　ガラス器具を局所的に熱したり，急激に加熱したり冷却したりすると割れることがある．試験管以外のガラス器具を直火で加熱してはいけない．肉厚のメスシリンダーや試薬瓶を直火にかけると，割れて熱い破片や内容物が飛び散り危険である．

　薬品が付いたままガラス器具のスリ合わせ部を放置すると，固まって動かなくなる．このような場合，机の角などでスリ合わせ部を軽く叩くとはずれることがある．どうしてもはずれないときは，無理に開けようとせず担当者に伝えること．

　カセロールのようなセラミックス製器具も同様で，直火加熱は可能であるが，急激な温度変化には弱いので，慎重に取り扱う必要がある．

<非常時の対処>

　以下のような非常時では，当人は気が動転して適切な措置が取れない．すぐに周囲の人に助けを求め，気づいた人はすぐに担当者に知らせる．

　衣服にバーナーなどの火が燃え移ったときは，すぐに周囲の人に助けを求めて消してもらう．消火の基本は消火器と緊急シャワーである．

　薬品が皮膚に付いた場合は直ちに**大量の水**で洗い流す．流しでの洗浄が困難なときは緊急シャワーを使用する．このような場合には一人では移動できないので，まわりの人が連れて行く．ガラスでの切り傷でも薬品などが付着するおそれがあるので，まず傷口を大量の水で洗い流す．火傷を負ったときはすぐに**水道水で十分冷やす**．化膿の危険があるため，水疱ができても破ってはいけない．誤って薬品を飲み込んだ場合はすぐに担当者に知らせる．このとき水で口をすすぐべきであるが，それ以上の処置については担当者の指示に従う．応急処置は実験準備室で受けられるが，それで間に合わない場合は担当者が同行して医療機関に行く．

<退出時の注意>

　ガラス器具を洗浄し実験台上を整理整頓するだけでなく，不足している器具や試薬も補充する．最後に，水道とガスの栓が完全に閉じていることを確認する．

<廃棄物処理>

　基礎教育として実施する化学実験では，極端に有害な物質を使用することはなく，また一人ひとりが排出する実験廃棄物の量も少ない．しかし，それが合わさってそのまま排出されると，もはや環境に無影響ではありえない．また，排水中の有害物質には法令で定められた基準値がある．さらに，将来行う実験研究ではきわめて危険な物質を使用することもあり，実験廃棄物中にはその性質も解明されていない物質が含まれることもある．それらのことを含めて実験廃棄物をどのように処理し，どのように排出すべきか，その基本をこの実験で学んでもらいたい．

○知る

　廃棄物の処理には，それがどのようなものであるか，わかっていなくてはならない．それにはまず試薬の性質を知り，反応によって生じる生成物と副生物を正しく予測できなければならない．指導者に尋ねるだけではなく，自ら調べ考える態度を身に付けるべきである．

○減らす

実験のスケールをできるだけ小さくして,実験廃棄物の量をできるだけ減らす.また,必要以上の試薬は後の実験で妨害となって,これを除く操作が必要となり,それらはすべて新たな環境負荷となる.本実験においては,連続した実験を通して適切な結果が得られ,かつ廃棄物が必要以上に多くならないように試薬量が設定されてある.したがって,指示された量を正しく測り取って使用すること.

○混ぜない

実験廃棄物にはそのまま下水に流してよいものと,特別な処理をしなければならないものがある.後者については物質ごとに処理法が異なり,また他の物質が共存するとその処理を妨害する場合があるので,定められた分類を越えて廃棄物を混ぜてはいけない.液体の廃棄物に固形物を混入してはいけない.有機廃液は焼却処理が原則であるので,水の混入をできるだけ避ける.無機廃液には,その処理を妨げる有機溶媒を混入させてはいけない.固形の廃棄物についても同様で,焼却するものとそれ以外を混ぜてはいけない.また,薬品が付着した容器は洗ってから廃棄し,ガラス片は他のものと混ぜないようにして,処理する人の安全にも配慮することが重要である.

○薄めない

処理する廃液量をむやみに増やさないため,実験廃液を無意味に薄めてはいけない.廃液をタンクに移した容器は,**最少量の水**ですすぎ,これも廃液タンクに入れる.下水に捨てる場合も別の意味で薄めてはいけない.pH を 2 変えるには 100 倍,3 変えるには 1000 倍の水で薄める必要がある.このような場合,酸はアルカリで,アルカリは酸で中和してから廃棄すべきで,無意味な水の使用は控える.有害金属を含む廃液を水で薄めて,排出基準濃度をクリアしてもその絶対量は変わらない.

○すぐに処理する

机にこぼした薬品など実験者しか中身を知らないものは必ずすぐ処理しなければならない.

0.2 基本操作

0.2.1 容器と器具

スポイト（駒込ピペット）

スポイトなどで液体を移すときは，途中で液がこぼれないよう容器と容器をできるだけ近づける．図0.1に示すように手のひらでスポイトを固定して，ゴム球を操作して試薬を滴下する．このとき，スポイトの先端が試料溶液に触れないように注意する．試薬瓶に付いているスポイトでは，中の試薬への汚染の影響が大きいので特に注意する．また，液を吸い上げたスポイトは寝かせるとこぼれるので必ず立てて使用すること．

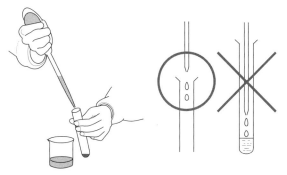

先端を試験管に深く入れるとスポイトが汚染される．

図 0.1 スポイトの使い方

スポイトを洗浄する際には，ゴム球をはずして上から水道水でまず洗い，その後蒸留水ですすぐ．

ホールピペットと安全ピペッター

ホールピペットは高い精度で一定容量の液体を取るための器具である．その容量とは標線まで液体を満たし，それを完全に流し出したときの容量である．口で吸って液体を取ることもあるが，本実験ではゴム製の安全ピペッターを使用する．使い方は次の通りであり，実際に試薬を取る前に，水を使って十分練習して3箇所の弁 (**A**, **S**, **E**) の働きを理解すること（図0.2）．

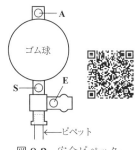

図 0.2 安全ピペッター

(1) 安全ピペッター下部にピペット上部を**軽く**差し込む．深く差し込み過ぎると中

図 0.3　ピペットの共洗い

にあるボールを押し込んで，使用できなくなる．
(2) **A** を押しながらゴム球部分を凹ませ，中の空気を出す．
(3) **S** を軽く押して液体をゆっくり吸い上げる．
(4) **E** を押して液体を流し出し，標線に合わせる．また，最後まで出し切る．

　体積変化を避けるため，ホールピペットなどの容積を測る容器（測容器具）は加熱乾燥を通常行わない．洗浄して乾いていない場合は，これから使用する液体を洗液として，使用直前に**共洗い**する．まず，ピペットの中央のふくらんだ部分の半分ぐらいまで，この液体を吸い上げる．次にピペットの内部がこの液体で潤うようにピペットを斜めにし，静かに回した後（図 0.3），これを流し出す．以上の操作を 2〜3 回繰り返し，乾かさずにそのまま使用する．

　ピペットで液体を測り取るには次のようにする（図 0.4）.

(1) ピペットを使用する液体の中に深く差し込み，液面が標線の 1〜2 cm 上にくるまで吸い上げる．ピペットの先が液面から上に離れると空気が勢いよく吸い込まれ，液体が安全ピペッター内部に入るので注意する．
(2) 先端をビーカーの液面から上げた後，中の液体をゆっくり流し出し，その液面の湾部の接線を真正面から見て標線に一致させる（参照：p.8，図 0.7 目盛りと目線）．
(3) ピペットの先端を容器の内壁に接触させ，残っている液滴を除く．

図 0.4　ピペットを使った溶液の採取

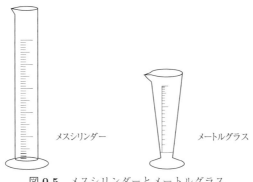

図 0.5　メスシリンダーとメートルグラス

(4) ピペットを垂直に保ったまま，使用容器に液体を流し出す．
(5) ほとんどの液体が出た後，弁がすべて閉じた状態でピペットのふくらんだ部分を手のひらで包み，中の気体を膨張させて液体を完全に流し出す．あるいは，**E**部横の口を指でふさぎ，**E**を押しながら横のふくらみを凹ませて，残った液体を押し出す．

　ホールピペットと同じように，液体を測り取って流し出すその他の測容器具として，メスシリンダーとメートルグラスがある（図 0.5）．それらの精度はホールピペットに比べると劣るが，簡便に測り取ることができるので，高い精度が必要でない場合好んで用いられる．また，大量に測り取れば，それだけ精度は上がる．

ビュレット

　ビュレットは，内径の均一なガラス管に目盛りを付けて，流れ出した液体の容量を測る器具である．ビュレットは加熱乾燥できないので，洗浄して乾いていない場合は使用直前に共洗いする（参照：p.6 ピペットの共洗い）．使用する液体は漏斗を用いてビュレットに入れる．漏斗をビュレットに差したままにしておくと，漏斗に残った液体が知らないうちに落ち，誤った滴定値を与えてしまうので，**漏斗は必ず外すこと**．滴定開始前に少量の液体を勢いよく出し，コック付近の空気を流し出してビュレットの先端まで液体で満たす．

　滴定の際には，図 0.6 のように左手でコックを包み込むように持ち，コックを少し開いて液体を流出させる．同時に，右手で円を描くように受器を揺り動かして，溶液を撹拌する．ただし慣れないうちは，左手をコックに添えて右手でコックを開い

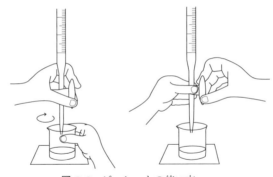

図 0.6 ビュレットの使い方

て液体を少量流し，いったん閉じてから振り混ぜてもよい．

目盛りは液面の湾部（メニスカス）の接線にあたる部分を読む．そのとき，目視で最小目盛りの 1/10 まで値を読む（図 0.7）．滴定の最後はビュレットの先端から出る液の「1 滴の数分の 1」を撹拌棒で取って溶液に加えるなど，細心の注意を払って操作する．それでも最初の滴定では加え過ぎることが多いから，その滴定値は参考として，2 回目以降の値を滴定値とするのもよい．

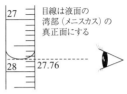

図 0.7 目盛りと目線

容量フラスコ（メスフラスコ）

容量フラスコは細長い首の付いた平底フラスコで，その標線まで液体を入れたとき，容量フラスコが示す容量となる容器である．容量フラスコ（中にある量）とホールピペット，ビュレット（外に出した量）の違いに注意しよう．栓は失われやすいから，ひもで容量フラスコの首に結び付けておくこと．

容量フラスコもピペット，ビュレットと同じく加熱乾燥してはいけない．水溶液を作るときは水で希釈するので，水で濡れていてもそのまま用いればよい．

容量フラスコを用いて液体試料を希釈するときは次のように操作する．まず，ホールピペットなどを用いて試薬溶液を正確に測り取り，容量フラスコに入れる．そこに溶媒を規定容量の半分ぐらいまで入れ，軽く揺するようにして混合する．以後，少しずつ溶媒を加えてこの操作を繰り返す．試料と溶媒が混ざる際に体積変化が起こることがあるため，一度に標線まで溶媒を加えると体積が不正確になるおそれが

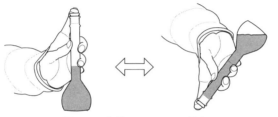

図 **0.8** 容量フラスコでの混合

ある．標線付近ではスポイトを用いて溶媒を 1 滴ずつ注意して加え，標線が液面の湾部の接線となるよう合わせる．その後，栓をして上下逆にして振り混ぜ，十分に混合する（図 0.8）．

　固体試薬は，秤量瓶やビーカーなどを用いて秤量する．次に，試薬を少量の溶媒に溶解させ，これを容量フラスコに移す．ビーカーを少量の溶媒で 2～3 回洗浄し，試薬を完全に容量フラスコに洗い込む．その後の操作は溶液の場合と同じである．

精密電子天秤

　化学実験で通常使用する精密電子天秤は試料を 0.1 mg まで秤量するもので，以下の手順で使用する（図 0.9）．

(1) 天秤本体が水平に設置されていることを水準器で確認する．もし水平でなければ，水準器を確認しながら水平調節ねじを操作して，水平に設置する．
(2) 風防の扉がすべて閉まっていることを確認して電源を ON にする．1 時間程度通電して状態が安定してから使用する．
(3) 使用開始時に重量表示が 0 になっていなければ，リセットボタン（RE-ZERO，TARE，T/O など）を押して表示を 0 にする．
(4) 試料を測り取る容器もしくは薬包紙を上皿中央部に置き，扉をすべて閉める．値が安定したことを示す表示が出てから，リセットボタンを押し表示を 0 に戻す．この操作を**風袋引き**と呼ぶ．
(5) 側面の扉の一方から試料を，もう一方から薬さじあるいはスパチュラ（スパーテル，金属製のへら）を入れて，試料を測り入れる．扉をすべて閉め，値が安定したことを示す表示が出ている状態で，測り取った試料の重量を読み取る．
(6) 使用後，天秤内部と周辺を清掃する．

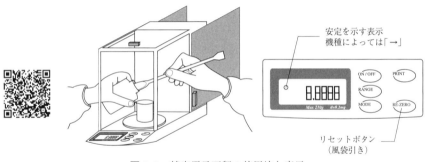

図 0.9　精密電子天秤の使用法と表示

デシケーター

　吸湿性の試料を乾燥状態で保存するための容器であり，乾燥剤を中に入れて使用する（図 0.10）．気密性をよくするため，蓋と本体のスリ合わせ部にグリースを薄く塗布する．このため，蓋を上に持ち上げて直接開けるのではなく，まず蓋と本体とを少し横にずらしてから開ける．この際多少力がいるので，勢い余って蓋を周囲のものにぶつけないよう注意する．また，スリ合わせ部分にゴミ

図 0.10　デシケーター

や埃が付かないよう，開けた蓋はひっくり返して上向きに置く．このとき特に不安定になるので，蓋を実験台から落とさないように注意する．試料や内部の乾燥を保つため，蓋を開けたままにしてはいけない．

pH 試験紙（リトマス紙，万能 pH 試験紙）

　リトマス紙は水溶液が酸性かアルカリ性かを見る試験紙である．これを用いて試料液を中和するとき，赤・青両リトマス紙がともに同色の中間色（紫）を示すところを中和点と判断する．万能 pH 試験紙は数種類の色素を混合し

図 0.11　呈色反応皿上の pH 試験紙

て，幅広い pH 域で連続的に色合いが変化するよう工夫されている．使用するときには，添付された色見本と見比べて水溶液の pH を調べる．

　pH 試験紙は，直接手が触れないよう注意してハサミで小さく切り，呈色反応皿か

時計皿の上で使用する（図 0.11）．調べようとする液を撹拌棒の先端に付け，それをpH試験紙に付けて色の変化を見る．試料液にpH試験紙を直接浸すと，その色素が溶け出して液を汚染するので，直接入れてはいけない．また，pH試験紙に付ける液の量が多すぎても色素が溶け出し，液のpH変化に応じた色の変化が見られなくなる．液を付けたとき，pH試験紙の大部分が濡れていても一部は乾いている状態が適当である．

0.2.2 加熱

物質の生成や溶解など，ほとんどの反応は加熱によって促進される．これは，加熱によって分子やイオンの運動が活発になるためである．また無機沈殿の場合，加熱によって沈殿が熟成され，溶液との分離が容易になることもある．この他，溶液の濃縮・蒸発乾固，溶液中の揮発性物質の除去にも加熱操作を行う．加熱の目的や容器の材質に合わせて，加熱方法を選択する．

電熱式水浴

電熱で水を加温する機器であり，任意の温度に設定できるものとできないものがある．いずれの機種でも空焚きしないよう常時水量に注意し，使用後は電源を必ず切る．また，電気系統を水で濡らさないよう注意する．本体は酸，アルカリ，塩類で腐食されるので，これらの液が付着したときは，水ですすいで拭きとっておく．また，水浴中で反応容器が破損したり，転倒したりして液が流出したときは，直ちにスイッチを切り，器具用プラグを抜いてから，水浴の水を全部捨て，水道水ですすぐ．シリコーンオイルを熱媒体として100 ℃以上の加熱が可能な機種もあるが，本実験では使用しない．

図 0.12　電熱式水浴

本実験で使用する機種は温度設定ができないタイプであり，その概観を図 0.12 に示す．使用時には容器の底にすべり止めのための金網を置き，全体の約7分目まで水道水を入れる．次に，蓋を載せてから器具用プラグを接続してスイッチを入れ，器内の水を沸騰状態に保っておく．試験管あるいは遠心管を蓋の孔から挿入し，底

の金網に届いた状態で加熱する．中央の孔は空気の出入りと水の補充のために空けておく．使用中は常に水量に注意し，全体の半分程度になったら水道水をビーカーで補充する．感電を防ぐため，器具は乾燥した場所に置き乾いた手で扱う．誤って電気系統に水がかかったときは，まずプラグを電源コンセントから抜き，次に水を拭き取ること．使用後は，①スイッチを切り，②プラグを電源コンセントから抜き，③冷めてから蓋と金網をはずし，④残っている水を流しに捨てる．

直火加熱

　カセロール（図 0.13 左）はガスバーナーの小炎で直接加熱する．このとき，液量はカセロールの深さの半分以下にする．カセロールをセラミックス付き金網の上に載せて加熱すると，持ち手のゴムが焼け焦げてしまう．また，カセロールの外側に水滴があると割れるおそれがあるので，使用前によく拭き取っておく．ゴムの部分を持ち，絶えず，円を描くように，ゆっくり揺り動かして加熱する．局所的な過熱を避けるために，また蒸発面積を大きくするために，器底が一面に液で潤うようにする．液が沸騰し始めたら，いったん炎から遠ざけ，以後は時々炎に近づける程度にして穏やかな沸騰を続ける．底の一部が乾き始めたら，炎から遠ざけて余熱で乾固させる．液が沸騰すると飛沫が跳ぶことがあるので，必ず保護メガネを着用し，決して顔を近づけない．加熱直後のカセロールを実験台に置くと台がこげ，また濡れたところへ置くとカセロールが割れることがある．少し冷めてから乾いたところに置くか，専用の敷き板の上に置く．乾固した残留物を溶かすときは，カセロールを十分放冷してから液を加える．熱いまま加えると液が突沸して飛び散ったり，カセロールが割れたりするおそれがある．

　ガラス製の試験管を直火加熱する場合，次のことに注意する．液量は全体の 1/4

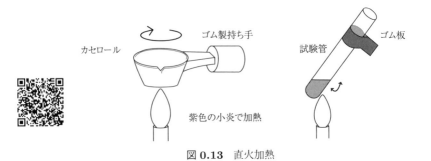

図 0.13 直火加熱

図 0.14 時計皿を置いた加熱

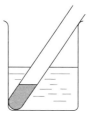
図 0.15 ビーカーを用いた簡便な温浴

以下とし，外壁が濡れていれば拭き取る．直接手で持つと途中で熱くなって持っていられなくなるので，図 0.13 右に示すゴム板を管に巻いて持つとよい．突沸を防ぐため加熱中は絶えず振り動かし，管底と液面のほぼ中間が炎に触れるようにする．

バーナーを使ってビーカーなどの容器中の液を加熱するときは，三脚にセラミックス付き金網を載せ，その下からバーナーで加熱する．液量は全体の半分以下とし，外壁の水滴をよく拭き取っておく．長時間加熱するときは，凸面を下にして時計皿を置き，液量が減らないように蓋をする（図 0.14）．これを逆さにすると不安定で，また凝縮した水滴が外にこぼれ落ちる．

ビーカーの水を図 0.15 のように加熱すれば簡便な温浴となり，試験管や遠心管を 100 ℃ 以下で加熱するときに利用できる．バーナーの炎を調節して，望む温度に設定する．

ガスバーナー

ガスバーナー（ブンゼンバーナー）の構造と部品の働きを調べるために，分解して再び組み立てよう．次に，点火方法と適切な燃焼状態にする調節方法を練習しよう．都市ガス（天然ガス）の主成分はメタンで，都市ガスを完全に燃焼させるためには，その約 10 倍の体積の空気が必要である．ガス量と空気量を調節して，それらと炎の関係を確かめよう．

［分解および組み立て］

ガスバーナーは図 0.16 に示すように三つの部分 (**A**, **B**, **C**) からできている．**B** と **C** を固定しながら **A** を回転して，ネジをゆるめてはずす．次に **C** を固定して **B** を回転してネジをゆるめてはずす．

組み立ては分解と反対の順序で行う．**C** を固定して **B** を締め込むと **C** のピンが **B** の上端の小孔を閉じる．**B** の締め付け加減でガス量を調節する．また，**B** を固定

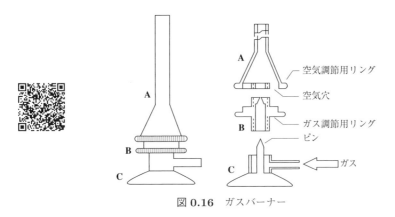

図 0.16　ガスバーナー

してAを締め込むとAとBが密着して空気穴を閉じる．Aの締め付け加減で空気量を調節する．

　組み立てが終わったら点火しよう．①AとBが完全に閉まっていることを確かめた後，②元栓を開き，③ガス着火器の炎をバーナーの口に近づけ，④Aに触れずにBだけを少しずつゆるめると，ガスが出てきて火が点く．このとき，空気の入らない黄色のゆるやかな炎でガスが燃える．次に，⑤Bを片手で押さえながら，もう一方の手でAを徐々にゆるめると，黄色炎は次第に輝きがなくなり，紫色の外炎と青色の内炎に分かれてくる．⑥内炎の長さが外炎の約1/2になったところが最良の燃焼状態である．大きい炎を小さくするときは，まず空気を減らしてからガス量を絞る．これを逆にすると次で説明するフラッシュバック（逆火）のおそれがある．

　空気が入り過ぎると，ガス濃度が低くなり過ぎて火が消えたり，ときには筒Aの中でガスが燃えることになる．この状態はフラッシュバックと呼ばれ，きわめて危険である．このようなときはバーナーには触れずに直ちに元栓を閉じ，濡れ雑巾でバーナーを十分冷却する．

　不完全燃焼の黄色炎で器物を加熱すると，炎の温度が低いために加熱に時間を要するだけでなく，器物の底にすすが付着する．ひどい場合，一酸化炭素中毒を起こすことがある．

　消火時はAとBを完全に締めてから，ガスの元栓を止める．

［ガスバーナーの炎の状態］

　ガスと空気の混合比を変えたときの炎を図0.17に示す．

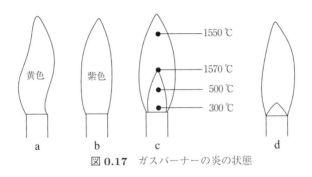

図 0.17 ガスバーナーの炎の状態

a. ガスだけを燃焼させた炎 – 黄色，不安定．
b. 空気を少量混合した炎 – 全体が一相，無色に近い紫色，安定．穏やかな加熱に用いる．
c. 適量の空気を混合した炎 – 二相，青色の内炎，無色に近い紫色の外炎，安定．普通の加熱に用いる．
d. 空気の量が多過ぎる炎 – 二相，やや紫がかった青色の短い内炎，不安定．消えやすく，フラッシュバックを起こすことがある．

　ガス量を加減すれば炎の大小が，また空気量を加減すれば炎の温度が調節できる．たとえば，るつぼの強熱やガラス細工のように強力な加熱が必要なときは，ガス量最大の状態で空気量をやや多めにする．すなわち，cとdとの中間の炎を用いる．また，炎の最外部に近いところは酸化炎，内部の青い部分とそれに近いところは炭素含量が多く還元炎と呼ばれ，目的によってそれらを使い分ける．たとえば，ある種の金属酸化物（CuO）は還元炎中で金属（Cu）に還元され，これを酸化炎で加熱すると金属酸化物に戻る．

0.2.3　沈殿・結晶の分離

スポイトによる分離

　沈殿が沈降してできた上澄み液をスポイトで吸い取る方法である．簡便であるだけでなく，沈殿を空気に接触させたくないとき特に有効である．沈殿を乱さないよう注意しながら，スポイトのゴム球を徐々にゆるめて液を静かに吸い取る．液面が下がるにつれて，スポイトの先端も徐々に下げる（図 0.18）．空気を吸い込むと液をかき乱すので，スポイトの先端が液面より上にならないよう注意する．遠心沈降し

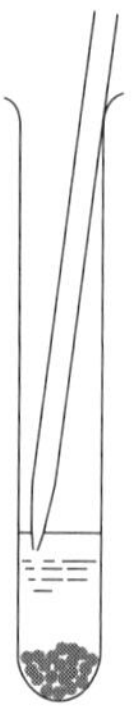

図 0.18 スポイトによる分離 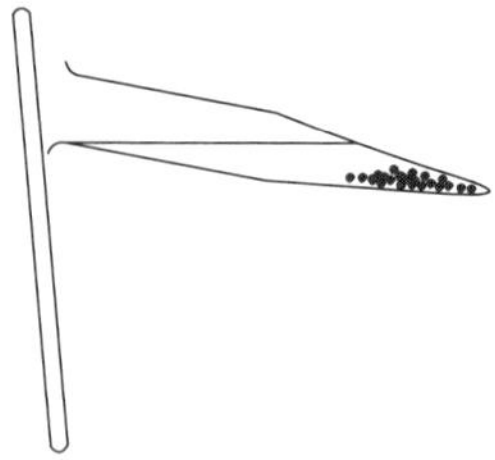　　図 0.19 傾斜法による分離

たときのように，沈殿が管底に強く押しつけられて固まっている場合，操作は比較的容易である．少量の沈殿が上澄み液とともに吸い上げられることは避けられないので，吸い上げた液をろ過して上澄み液だけを得ることもある．また，かなりの量の上澄み液が沈殿とともに残るので，それを除くために洗浄操作を行う．適当な洗浄液を沈殿に注いで洗浄し，洗液をスポイトで除去する操作を 2～3 回繰り返す．少量の洗浄液で何度も洗浄するほうが，一度に多量の洗浄液で洗浄するよりも効率がよい．沈殿ではなく上澄み液が欲しいときは，少なくとも 1 回目の洗液を上澄み液に加える．

傾斜法による分離

　容器を傾けて，沈殿が混入しないように注意しながら上澄み液だけを流し出す方法であり，沈殿が重くて粗い場合，この方法が適用できる．液が器壁の外側を伝ってこぼれるのを防ぐために図 0.19 のように撹拌棒を沿わせる．上澄み液のろ過や沈殿の洗浄が必要なことはスポイト法と同様である．

ろ過

(1) 自然ろ過

　ろ紙と漏斗だけを用いて沈殿を溶液から分ける方法であり（図 0.20），比較的粗い沈殿の分離に適している．ろ紙は a のように四つ折りにして，その一方を b のように広げ，漏斗にはめ込む．漏斗によって角度の大小があるから，その場合には c のように折り目を少しずらせて，広いほうと狭いほうを使い分ける．

　また，b のように，ろ紙の角を切り取ると漏斗と密着しやすくなる．ろ紙と漏斗

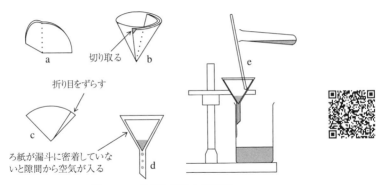

図 0.20 ろ紙と漏斗の使用法

がよく合っていることを確かめた後，ろ紙を溶媒で潤し，手で押さえて漏斗に密着させる．これが密着していないと d のように漏斗の足に空気が入って，ろ過速度が落ちる．e のように漏斗の足が液で満たされていると，それが重力で引かれ減圧を作るので，ろ過が速やかになる．入れすぎて液があふれないよう注意しながら，容器の口に撹拌棒を沿わせて静かに注ぐ．また，軽い沈殿はろ紙の上端へはい上がることがあるので，液面はろ紙の上端より 5 mm ぐらい下までにとどめる．ろ紙の目に細かい沈殿が詰まると，ろ過速度が小さくなる．上澄み液の大部分をまずろ過してから，沈殿を含む溶液をろ紙上に流し込むと，一般にろ過は速く進む．ろ紙上の沈殿層には，ろ液となるはずの溶液が残っているので，洗浄液を注いで沈殿を 2〜3 回洗浄する．

ろ紙の目の細かさを適切に選んで，スポイト法や傾斜法では分離できない軽い沈殿や細かい沈殿を分離する．本実験で用いるろ紙の場合，番号が小さいほど目が粗く，大きいほど細かい．

また，図 0.21 のようにろ紙を折って使用すると，ろ過面積が増えてろ過速度を大きくできる（ひだ折りろ紙）．

沈殿が欲しいときは沈殿が容器の底に残らないようにする．まず，液と沈殿をかき混ぜながら勢いよくろ紙上に注ぎ込み，さらに容器に残った沈殿を洗い出す．このような操作は**ろ集**とも呼ばれ，自然ろ過よりも次の吸引ろ過が適している．

(2) 吸引ろ過（減圧ろ過）

沈殿が軽くて細かい場合，自然ろ過では時間がかかるので，水流ポンプ（アスピレーター）（図 0.22 左）でろ過鐘を減圧して，ろ過速度を大きくした吸引ろ過を用

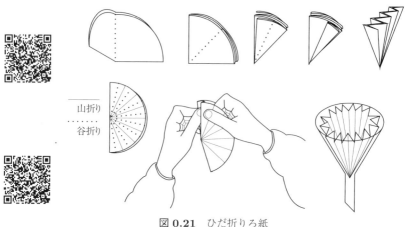

図 0.21　ひだ折りろ紙

いる．この方法は有機化合物の合成実験で，生成物を集める場合によく用いられる．ろ過が速いだけでなく，平らなままでろ紙を使うので，集めた生成物を掻き出すのに有利である．水流ポンプは，水をノズルから勢いよく吹き出し，これが空気を巻き込んで減圧を作る器具であり，水を機械的に循環させるものと直接蛇口に付けるものがある．いずれのものでも，三方コックを操作して**減圧状態から常圧に戻して，その後，水を止めないと水が逆流する**．蛇口に付けるものは水栓をいっぱいに開いて使用すること．中途半端な流速では水が逆流する．

　吸引ろ過のための基本的な器具の配置を図 0.22 に示す．その中央にある三方コックは吸引と減圧の開放を容易に行うための器具であり，コックの向きと操作の関係を図 0.23 に示す．

　まず，ろ過鐘を上面がスリ合わせになったガラス板の上に置く（図 0.22 右）．中に受器として三角フラスコやビーカーをあらかじめ置いておく．ろ過鐘の下面はスリ合わせになっており，これを少量の水で濡らし，ろ過鐘を少し回しながらガラス板に軽く押しつけて密着させる．ブフナー漏斗はゴムアダプターを介してろ過鐘にセットする．漏斗の先と受器が離れ過ぎているときは，受器の下にゴム板などを置いて高さを調節する．ブフナー漏斗の底面よりも少し小さい円形ろ紙を置き，溶媒を垂らしてろ紙を潤す．三方コックを操作して吸引し (**A**)，ろ紙を密着させる．ろ過は，吸引を続けながら，ろ過する液をブフナー漏斗に注ぎ込んで行う．沈殿が容器に残ったときは，三方コックを回して吸引を止め (**B**)，受器に溜まったろ液をも

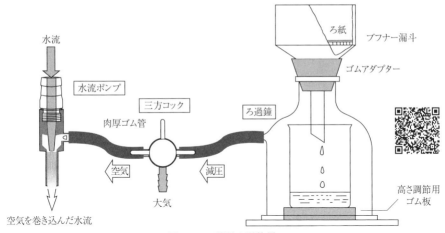

図 0.22 吸引ろ過装置

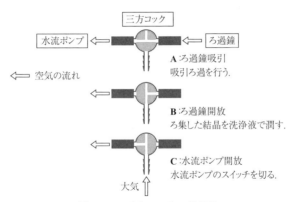

図 0.23 三方コックの使用法

との容器に戻す．ろ液で容器を洗い，再び受器を準備して，沈殿をすべてろ紙上に移す．沈殿を洗浄するには，吸引を止めてから，ろ紙上の沈殿に洗浄液を加え，沈殿が洗浄液で十分潤った後，吸引ろ過する．この操作を2〜3回繰り返した後，小型ビーカーの底などでろ紙上の沈殿を軽く押さえながら吸引を続ける．すると，ろ液がさらに除かれて，後の乾燥が容易になる．最後に，三方コックで減圧を開放してから終わる (**C**)．

有機合成の生成物のように，ろ紙上の沈殿がそのまま必要な場合は，スパチュラなどを用いてかき落として集める．一方，無機定性分析実験の沈殿のように溶液にして集める場合もある．ろ紙上の沈殿にそれを溶かす試薬（あるいは溶媒）を注ぎ

かけてろ液として取り出すか，図 0.24 のようにろ紙をビーカーの内壁に貼り付け，スポイトを用いて液体を沈殿に注ぎかけ，沈殿を洗い落として移す．

これらの操作を行うとき，合成した物質や化学薬品が指に付かないよう十分注意する．ろ紙を直接指で持つのではなく，ピンセットで挟んで固定する．

遠心分離機

遠心分離機とは，高速回転で生じる遠心力によって，沈殿を強制的に沈降させる機器である．本実験で使用するものでは，金属性の丈夫なローター（回転子）に穿たれた斜めの穴に保護管があり，そこに遠心管を挿入する．回転中は遠心管やその他に大きな力がかかっており，回転のバランスが崩れるときわめて危険である．機械本体の破損だけでなく，周辺にも被害が及び，人身事故を起こすおそれがあるため，慎重な取り扱いが求められる．

遠心管を挿入する穴は偶数個であり，回転軸を中心に対称に配置されている．挿

図 0.24 沈殿の洗い落とし

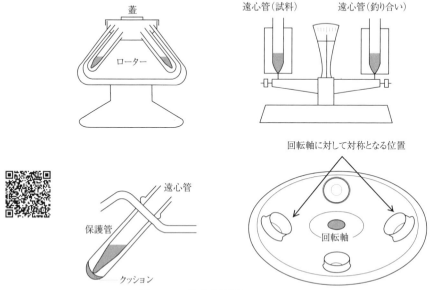

図 0.25 遠心分離機とバランス

入する遠心管は偶数本でなければならず，それらを必ず対称に挿入する（図 0.25 右下）．また，向かい合った 2 本の遠心管は，内容物と栓を含めて全体で同じ重さでなくてはならない．このため，図 0.25 右上の専用バランス（天秤）を用いて，内容物の量を調節して**両者の重さを一致させる**．つり合いは左右の振れ幅が同じであることで確認する．ゴム栓をはめた遠心管で遠心沈降を行うときは，釣り合いのために用いる遠心管にも同じ重さのゴム栓をはめる．無用の遠心管が残っていると事故につながるので，遠心沈降が終われば，すべての遠心管を必ず取り出す．また，ガラスが傷つくと破損しやすくなるので，遠心管の内壁を強くこすり過ぎないよう注意する．傷の多い遠心管は廃棄し，新しいものと取り換える．保護管の中で遠心管が破損した場合，ガラスの破片や液を完全に取り除いてから，保護管を水洗い乾燥する．回転中に液がこぼれるのを防ぐため，遠心管に入れる液の高さは全長の半分以下とする．また，保護管を腐食させるので，遠心管の外側に付いた液は拭き取っておく．

　遠心管を挿入後，蓋をしっかり閉めてから運転を開始する．閉め方がゆるいと，運転中に蓋が持ち上げられて外れることがある．回転速度を設定できない機種では，スイッチを断続して速度を調節する．設定できる機種では，速度調節ダイアル（図 0.26）を低速側から高速側にゆっくり回して設定値に合わせる．無機定性分析実験では約 2000 rpm（回転/分）が適切であり，必要以上に回転数を上げない．また，所定の回転速度に達した状態で 10～20 秒間回転を続ければ，ほぼ完全に沈降することが多い．スイッチを切り，ローターが完全に止まってから，遠心管を揺らさないよう注意深く取り出す．ブレーキのない遠心分離機では，スイッチを切ってからローターが完全に停止するまでに 2～3 分を要する．一部の機種は，モーターに電流を逆に流して，強制的に短時間で回転を止めるように工夫されている．図 0.27 のよ

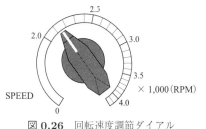

図 **0.26**　回転速度調節ダイアル

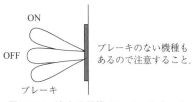

図 **0.27**　遠心分離機のレバースイッチ

うに遠心機のスイッチを上げると電流が流れ (ON)，中間位置にすると電流が切れる (OFF)．さらに押し下げると，その間だけブレーキが働き，手を離すと OFF の位置に戻る．しかし，高速回転状態から急激にブレーキを作動させると，いったん沈降した沈殿がかき乱されることが多い．これを避けるために，1〜2 秒間スイッチを押し下げ，次に数秒間手を離す操作を 3〜4 回繰り返して，回転速度を徐々に落として停止させる．ブレーキの有無にかかわらず，**回転中に手や物を入れると大変危険である**．回転が完全に止まるまで，蓋を開けてはいけない．

0.2.4 試料の分析

有機化学実験では合成した物質の同定と純度検定を目的として，クロマトグラフィーと融点測定を実習する．

ペーパークロマトグラフィー

ペーパークロマトグラフィーは，ろ紙が固定相と支持体を兼ねる一種の薄層クロマトグラフィーと考えられ，色素の分析に適している．本実験では円形ろ紙を用いた簡便な方法で行う．

ろ紙 (No.3, 110 mm) は最外部だけを持ち，ノートの新紙面上で取り扱い，汚さないように注意する．まず，図 0.28 左のようにろ紙にハサミで切り目を入れて吸い口を作る．ろ紙の中心に半径約 10 mm の円を鉛筆で描き，その上に×点を印し，これを原点とする．試料溶液を毛細管（キャピラリー）で吸い上げ，原点の一つに触れて液をろ紙に付ける．このとき，スポットの大きさは 3 mm 程度とし，大きくなり過ぎないように注意する．必要ならば電熱器で乾かしながら，この操作を 2〜3 度繰り返してスポットを濃くする．異なる試料を扱うときは毛細管を新しいものに替える．シャーレの縁を濡らさないように注意して展開液を約 10 mL 入れる．図

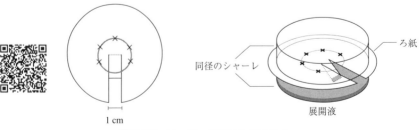

図 0.28　ペーパークロマトグラフィー

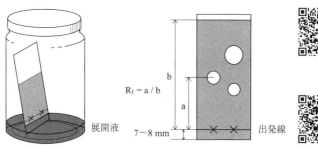

図 0.29　薄層クロマトグラフィー

0.28 右のように吸い口部を折り曲げてその先端を展開液に浸け，同径のシャーレでろ紙を挟むように蓋をする．

展開液の先端がシャーレの縁近くまで達したらろ紙を取り出し，直ちに展開液の先端に鉛筆で印を付ける．試料の移動率 R_f 値については，次項の薄層クロマトグラフィーで述べる．R_f 値とスポットの形や色を記録する．

薄層クロマトグラフィー

薄層板（シリカゲルを薄く塗布したガラス板，アルミ板またはプラスチック板）の一端を展開液に浸すと，溶媒がシリカゲルに浸透して上昇する（図 0.29）．薄層板の原点に試料を付けて展開すると，試料はシリカゲルへの吸着と脱離を繰り返し，薄層板上を移動する．このとき，シリカゲルに吸着しにくい低極性の化合物は速く移動し，吸着しやすい高極性の化合物は遅く移動する．その結果，前者は高く（原点から遠く）移動する一方，後者はあまり移動しない．この差を利用して，混合物を分離するのが薄層クロマトグラフィー (thin-layer chromatography, TLC) であり，物質の純度検定や反応の進行の確認に利用される．

移動率 (retardation factor) R_f 値は，$R_f =$（試料の移動距離）/（展開液の移動距離）と定義され，その値は薄層板の種類，展開液，温度などの条件が一定ならば，一般的には再現性よく一定値を示す．そのため，この値およびスポットの形状や色から各成分の定性確認ができる．R_f 値は通常小数点以下 2 桁まで記録する．

薄層板はピンセットを用いて取り扱い，特にシリカゲル塗布面に指が触れないよう注意する．シリカゲル塗布面の一端から約 7～8 mm のところに鉛筆で出発線を引き，その上に少なくとも 5 mm の間隔で試料溶液を付着させる．これは，試料溶液を吸い取った毛細管の先端を薄層板に垂直に軽く接触させて行う．このとき 2 mm

程度の小さな円になるように注意する．その後，しばらく放置して溶媒を蒸発させる．必要に応じてドライヤーの冷風や熱風で乾かすこともある．

展開の手順を以下に説明する．広口サンプル瓶に展開液を約 5 mm の高さまで入れる．蓋をしてしばらく待って，内部を展開液の蒸気で飽和させる．次に蓋を開け，原点の試料が展開液に浸らないように注意して，薄層板を瓶の内壁に立てかけて蓋をする．展開中，蓋を開けたり揺すったりしてはいけない．溶媒の先端が薄層板の上端から約 5 mm まで達したら薄層板を取り出し，すぐにその先端に鉛筆で印を付ける．しばらく待って溶媒が蒸発した後，紫外線ランプを点灯して紫外線を当てる．薄層板全体は緑色に輝く一方，試料のスポットは無蛍光となるので，これを鉛筆で囲む．このとき紫外線が直接目に入らないよう専用の保護メガネを着用する．原点からスポットの重心までを試料の移動距離として，R_f 値とスポットの形や色を記録する．

目視できる着色物質だけでなく，無色の物質も紫外線ランプ (254 nm) で検出できるのが特長である．しかし，共役二重結合や芳香環を持たない有機化合物は，この波長の紫外線を十分吸収しないので検出できない．そのような場合でも検出できる方法が種々開発されている．

融点測定

融点 (melting point, mp) は物質の基本的物性の一つであり，文献値と比較することによってその同定に利用される．標品と混合して融解した後，冷やして固化した試料の融点がもとのものと同じであれば，それは確実な同定となる（混融試験）．純粋な有機物質では，融け始めから融け終わりまでの幅は狭く，数℃ の範囲に収まる．純度が低いと，文献値よりもかなり低い融点となる．また，温度上昇が速すぎる場合には正確な融点が得られないので，温度上昇は慎重に行う．

[微量融点測定器]

本実験では少量の試料で簡便に融点が測定できるように工夫された微量融点測定器を使用する（図 0.30）．使用手順を以下に説明する．

(1) 電源 (POWER) と温度調節ツマミ (TEMP.VOL.) が OFF になっていることを確認してからプラグを電源コンセントに差し込む．
(2) 電源を ON にする．

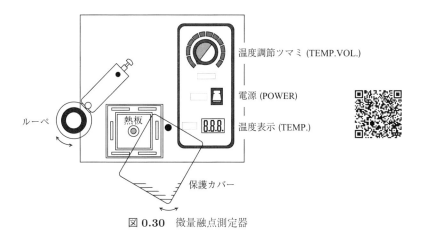

図 0.30 微量融点測定器

(3) 測定試料をごく少量（スパチュラのくぼみの 1/10 程度）すくい取り，熱板の凹部に載せる．なるべく結晶の粒子が重ならないよう軽く広げた後，凹部にカバーグラス 1 枚で蓋をする．
(4) 保護カバーを回転させて，熱板の真上に固定する．
(5) 温度調節ツマミで温度上昇の速さを次のように設定する．

- 10～20 ℃/分 ― 融点より 30 ℃ 下まで
- 2 ℃/分 ― 融点より 10 ℃ 下まで
- 1 ℃/分 ― 融点付近

上昇速度は直接設定できるのではなく，温度の上昇が遅い場合は電圧を高くして，速い場合は電圧を低くして調節する．熱板の温度はデジタル表示される．
(6) 重なっていない結晶に注目して，その状態変化をルーペで観察する．融け始めたときと融け終わったときの温度を記録する（例：mp 95–97 ℃）．
(7) 測定終了後，温度調節ツマミを OFF にする．熱板の温度が室温付近まで下がったのを確認し，電源を OFF にする．
(8) カバーグラスはガラス専用のゴミ箱に廃棄し，残った試料はエタノールを少し含ませた脱脂綿で熱板の凹部から軽く拭き取る．このとき，熱板の樹脂コーティングを傷つけないように注意する．

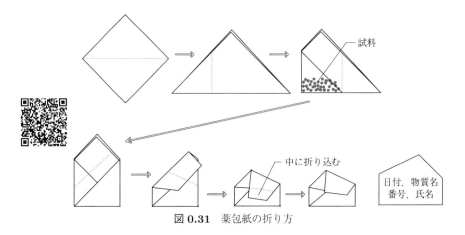

図 0.31　薬包紙の折り方

試薬の取り扱い

先に述べた実験の安全と廃液処理の観点からだけでなく，実験を正確にかつ効率よく実施する上からも，試薬の取り扱いには慎重さが必要である．具体的には以下の点に注意すべきである．

- 実験の精度を考えて，必要とされる有効数字の桁数まで測り取る．
- 実験廃棄物を最小限にするため，必要な量だけ取る．
- 汚染を避けるため，余分に取った試薬を元の試薬瓶に戻さない．

試薬や合成試料を薬包紙に包んで保管する場合がある．その場合，薬包紙を図 0.31 のように折り，その中に結晶試料を包み込む．日付，物質名，氏名などを書き込んでおく．

器具の洗浄

実験に使用したガラス器具は，炭酸水素ナトリウム（重曹）とブラシを使って機械的に洗浄した後，水道水でよくすすぐ．最後に少量の蒸留水を洗浄瓶から吹きつけて水道水を洗い落とす．汚れによっては，酸，アルカリあるいは有機溶媒での洗浄が必要となるが，それにはまず汚れの性質をよく知る必要がある．たとえば，有機化学実験で取り扱う化合物の多くはエタノールのような有機溶媒によく溶ける．しかし，メチルレッド，メチルオレンジ，フルオレセインは有機溶媒よりもアルカリ性の水溶液によく溶ける．

0.3 実験ノートとレポート

　実験は，テキストにしたがって単に手を動かすだけものではない．実験計画を立て，それに基づいて実験を実施し，観測事実と測定データをノートに記録し，それらをまとめた上で考察を加え，レポートを作成してはじめて完結するものである．

0.3.1 実験ノート

　実験ノートは実験を行った貴重な証拠となり，特許申請などの有効性にも影響を与える．そのことを踏まえた上で正しいノートの記し方を学んで欲しい．実験ノートは自分一人のメモではなく，他人が見て理解できるものでなくてはならない．しかし，別にメモを取ってそれを写し取るようなことをしてはいけない．その場で要領よく実験記録が取れるよう工夫が必要である．まず，実験に先だって**専用の実験ノートを準備する**．測定値や観測事実をテキストの余白に書き込んで，それで済ましてしまうような態度は許されない．また，散逸のおそれのあるルーズリーフは実験ノートには不適当である．

＜記載事項＞

日付　実験を実施した証拠となるため，日付の記載は必須である．

実験手順　使用する試薬，器具，操作法などについてあらかじめまとめておく．たとえば，無機定性分析実験の分離確認系統図のようなフローチャートを工夫して，わかりやすい形のものを準備するとよい．また，容量分析実験では実験中に測定値などを書き込めるよう，表を作っておくと実験がスムーズに行える．

測定値と観測事実
- データ：その場ですぐに測定データの記入を行う．その際，後でわかるように数値だけではなく必ず説明文を付ける．
- 観察記録：数値データだけでなく，実験の過程で見られた現象（発熱，発泡，色の変化など）の記録は特に重要である．

検討と考察　観測事実を見直しデータを解析して，実験法が適切であったかどうか検討する．さらに，化学反応式などを参考にして観察した現象を解釈して，得られた実験結果を原子・分子レベルから考察する．

28　第 0 章　化学実験の基礎

0.3.2　レポート

　レポートは実験内容を報告あるいは公表するためのものであり，読み手の立場に立って書くことが肝要である．正確にかつ簡潔で読みやすく記述することを心がけよう．レポートには厳格な定型があってその通りに書かなければならないわけではないが，分野に応じて一応のスタイルがあるので，それに準じてレポートを書くことから始めるべきである．本実験においても，実験種目ごとに求められるスタイルは若干異なるが，一般的には次の点に注意すべきである．

- 導入部として［目的］を書くことから始め，続いて［方法］，［結果］，［考察］の項目を分けて書く．しかし，［方法］と［結果］あるいは［結果］と［考察］が密に関連して，両者を分けるとかえって煩雑になる場合，［方法と結果］あるいは［結果と考察］としてまとめて書くこともできる．

- 実験の理論的背景として最初に［原理］を加えることもあるが，これは［考察］に記載してもよい．最後に，レポート全体を総括して［結論］を加えることもある．

- 箇条書きや省略形ではなく，完全な文章で書くこと．たとえば「反応液−撹拌・加熱」というような表現ではなく「反応液を撹拌しながら加熱した」と書く．

- 文章の時制に注意して，実験事実と推論を区別する．すなわち，実際に行った実験操作や観察した事実は過去形で，一般的な原理や考察は現在形で書く．たとえば「塩化銀の沈殿にアンモニア水を加えると，ジアンミン銀 (I) イオンが生じた」という記述は事実と推論を混同しているのでよくない．「沈殿にアンモニア水を加えると，沈殿は溶けて無色透明の溶液が得られた．これは塩化銀がジアンミン銀 (I) イオンに変化したためと考えられる」と書く．

- レポートはそれだけで完結した実験報告でなければならず，「テキスト p.111 の反応を行った」というような記載は許されない．実際に自分が行った実験操作を具体的かつ簡潔に記載する．

- 反応式は行った実験内容を端的に表すものであるから，これを適宜挿入して明快なレポートを作成する．一連の反応を次々と実施する実験では，それぞれの反応に番号を付けて，それがどの操作や結果に対応するものかを明示する．

- 対象を変えて同じ操作を繰り返す実験では，表を積極的に利用して，同じ記

述の繰り返しを避け，端的な報告を作成する．例：酸塩基滴定，有機定性分析実験．
- 図（スケッチ）を利用して，言葉だけでは表現できない情報を正確に伝える．たとえばクロマトグラフィーにおいて，スポットの形状や色合いは重要な情報であり，これらは図によって正確にかつ端的に報告できる．
- ［考察］では，実験内容についての理論的検討，結果の妥当性，テキストの記述と一致しない実験結果や疑問点について検討する．単に疑問や質問を列挙するだけでは考察とは言えない．
- 実験について特に興味を持ったこと，気づいた点などを書きたい場合には，［考察］とは別に［感想］として書く．
- 参考文献については著者，誌名，巻号，ページ，発行年を記載して，その出典を明らかにする．引用内容を自分の考察と混同してはいけない．

次に，個々の実験種目に特徴的な留意点を記載する．

無機定性分析実験
- 複数のカチオンを取り扱う実験では，各々のカチオンがどのように分属・単離されるのかを追跡して記述することが重要である．［分離系統図］を記載するなど，工夫すること．
- カチオンの分離に利用する沈殿生成および沈殿溶解反応，カチオンの確認に利用する呈色反応などは，可能な限り反応式を書いて示すこと．

容量分析実験
- 数値の有効桁数に特に注意する．さらに，その単位（重量，容積，濃度，時間）を必ず付けること．
- 数値データの信頼性について考察する．たとえば，測定誤差が許容の範囲であるかどうかを考え，明らかにおかしい値はその原因を考察する．

有機化学実験
- 有機合成実験では使用した試薬の物質量（モル数）は収率計算のためだけでなく，複数の試薬を用いた場合の当量関係の検討に必須である．重量（容量）だけでなく物質量を「ビーカーにアニリン (2.0 g, 0.021 mol) を取り……」のように記載する．
- 実際に行った実験における観察事実と，講義授業で学んだ反応機構を照らし

合わせて考察する．この作業によって目に見えない原子・分子の世界に対する洞察力が養われる．

0.3.3　測定値の取り扱い

　化学実験では様々な場面で数値を取り扱うが，まずその数値がどのような目的で，そしてどのような手段で得られたかが重要である．容量分析実験では確度（真の値にどの程度近いかを示す尺度）と精度（複数の測定値が互いにどの程度近いかを示す尺度）の高い数値を報告する必要があるので，実験のあらゆる局面において，有効桁数をできるだけ落とさないように注意を払うべきである．すなわち，ビュレットの目盛りをいくらしっかり 0.01 mL まで読み取ったとしても，その前の標準溶液の希釈が正確でないなら，あるいはその移し入れが完全でなければ，滴定値の有効桁数は 0.01 mL まで及ばない．また有機化学実験においては，原料と生成物の重量をたとえば 4 桁で測定したとしても，収量と収率は本当に有効桁数 4 桁を持っているだろうか．生成物の結晶をフラスコからブフナー漏斗に移すとき，さらにろ紙から薬包紙に移すとき，有効数字 4 桁の精度で作業できるとは到底考えられない．したがって，収量と収率はそれらを考慮に入れた上での有効桁数で報告すべきである．

　最近の計測機器はデジタル表示するものが多いが，その表示の桁数にも注意を払う必要がある．アナログ表示では測定者がその精度を直感できるが，デジタル表示では示された数値を頭から信用してしまうという落とし穴があることを知るべきである．すなわち，信頼できる桁数は表示桁数より小さいことがある．

＜測定値（目盛り）の読み方＞

　アナログ式のものでは最小目盛りの 1/10 まで目視で読む．これが最小桁となるが，これは誤差を含んでいることを忘れてはならない．読み取り値は目線の角度によって変わり，斜めから読むと大きな誤差を生じる．読むもの（目盛り）に対して真正面から見て値を読む（参照：p.8，図 0.7 目盛りと目線）．

＜数値の取り扱い＞

［有効数字と有効桁数］

　有効数字とは「測定結果などを表す数字のうちで，位取りを示すだけのゼロを除いた意味のある数字」と定義される．以下の数値を例にして有効数字の桁数（有効桁数）を考えてみよう．0.000606 は 6.06×10^{-4} と同じであり，有効数字は 3 桁で

ある．同様に 0.06 の有効数字は 1 桁である．それでは，606000 はどうだろうか．下 3 桁の「000」が位取りだけなのか，意味のある数字なのかきわめて紛らわしい．この数値の有効数字が 4 桁であるなら 6.060×10^5 と表記し，3 桁ならば 6.06×10^5 と表記すべきである．単に 606000 のように書くのではなく，有効桁数を明確にするために $\bigcirc.\bigcirc\bigcirc \times 10^n$ と表すことが望ましい．

[足し算・引き算]

測定値を同一単位に直して計算した結果を，すべての有効数字のうち，最後の数の位が一番大きいものに揃える．数値を丸めるのには四捨五入を用いるのが一般的である．たとえば 4.06 に 8.501 を足す場合，4.06 の 6 が下線部に対応する．そこで，その位である小数点以下第 2 位に合わせ，計算結果 12.561 を 12.56 に丸める．計算をさらに続ける場合には 1 桁多く取っておく．つまり，この場合には 12.561 のまま計算を続ける．

[掛け算・割り算]

有効数字をそのまま用いて計算した後，用いた数値の有効桁数のうち，最小の桁数に計算値を丸める．計算を続ける場合には 1 桁多く取っておく．たとえば 6.06 と 8.501 を掛けると 51.51606 となるが，この場合，6.06 の 3 桁が最小の有効桁数であるので，それに合わせて 51.5 とする．計算を続ける場合は 51.51 を使用する．

[対数への変換]

有効数字 n 桁の測定値を常用対数 (log) に変換する場合，小数点以下 n 桁まで有効数字としてよい．自然対数 (ln) の場合は厳密には常用対数の場合とは異なるが，簡便さを優先して同様の扱いとする．具体的には，$\ln 20.8 = 3.035$（3 桁），$\ln 2.8 = 1.03$（2 桁），$\ln 0.8 = -0.2$（1 桁）となる．

レポート例　無機定性分析実験

Date 5/23（水）　Faculty 総合人間　Class ①H3　Name 京大太郎　No. A01N

題名　Fe^{3+}，Al^{3+} の基本反応

目的　第 III 属カチオンである Fe^{3+}，Al^{3+} の基本的性質を理解し，これらの分離および確認反応を行う．この実習を通じて，スポイト，万能 pH 試験紙の使用法や遠心分離の方法など，無機定性分析の基本技術を習得する．

方法と結果　遠心管に 0.1 mol/L $Fe(NO_3)_3$ 水溶液 10 滴を取り，蒸留水を加えて 2 mL とした．3 mol/L NaOH 水溶液 6 滴を加えると溶液の上層部が赤褐色に濁った（反応式 1）．よく撹拌した後，……．……沈殿 P1 に 6 mol/L HCl 水溶液を 1 滴加え，加熱，撹拌すると溶解し，明黄色の均一溶液となった（反応式 2）．蒸留水を 2 mL 加えて希釈した後，呈色反応皿の二つの凹部に 1 滴ずつ取った，……．

考察　方法と結果に記した反応の反応式は以下の通り表される．

　　　反応式 1：　　$Fe^{3+} + 3OH^- \rightarrow Fe(OH)_3 \downarrow$

第 III 属カチオンである Fe^{3+} は，NaOH 水溶液を加えると難溶性水酸化物となって沈殿する．Fe^{3+} は中性アルカリ性いずれの場合にも……．

　　　反応式 2：　　$Fe(OH)_3 + 3H^+ \rightarrow Fe^{3+} + 3H_2O$

……．このとき，溶解するための酸として HCl 水溶液を用いたので，$FeCl_4^-$，$FeCl_6^{3-}$ などの錯イオンが生じ，溶液は黄色になったと考えられる．

　　　反応式 3：　　……

$Al(OH)_3$ の沈殿を完成させる実験で用いた NH_3 水溶液と NH_4Cl 水溶液の混合溶液は緩衝溶液であり，以下の反応式のように，外部から添加された H^+ や OH^- を消費する働きがあり，溶液の pH を一定に保つことができる．

　　　$NH_3 + H^+ \rightarrow NH_4^+$，　$NH_4^+ + OH^- \rightarrow NH_3 + H_2O$

Al^{3+} の確認反応として行ったアルミノン反応は，$Al(OH)_3$ の沈殿にアルミノンが吸着されてレーキを生成したものであり，……．

レポート例　容量分析実験

Date 5/23（水）　Faculty 総合人間　Class ①H3　Name 京大太郎　No. A01N

題名　酸塩基滴定

目的　酸塩基滴定の原理を学ぶとともに，その実験操作法を習得する．同時に，測定値の信頼性を吟味し，その取り扱いを学ぶ．

方法　標準溶液には共通試薬のシュウ酸標準溶液 (0.05000 mol/L) を用いた．滴定液には……．

　まず，NaOH 水溶液の標定を行った．シュウ酸標準溶液 10.00 mL をビーカーに取り，フェノールフタレイン指示薬を数滴加えたものに，NaOH 水溶液を滴下した．終点は反応液が無色透明から淡紅色に変化し，かき混ぜても退色しない点とした．この操作を 5 回行い，平均値を求めた．次に，……．

結果　表1に NaOH 水溶液の標定結果を示す．

表1　NaOH水溶液の標定

	1回目	2回目	3回目	4回目	5回目	平均
NaOH滴下量（mL）	10.08	10.11	10.09	10.10	10.12	10.10

$$(COOH)_2 + 2NaOH \rightarrow (COONa)_2 + 2H_2O \tag{1}$$

$$2(0.05000 \times 10.00) = X \times 10.10 \quad X = 0.09901 (\text{mol/L}) \tag{2}$$

　シュウ酸と NaOH の反応式は式1であるので，式2より NaOH 水溶液の濃度は有効桁数を考慮すると 9.901×10^{-2} mol/L となる．次に，……．

考察　今回の実験結果の妥当性について考察する．NaOH 水溶液の標定に関して表1に示したデータから計算される標準偏差は……．また，HCl 水溶液の滴定に関しては……．

　次に，今回使用した指示薬について考察する．この実験ではシュウ酸と NaOH の中和滴定および HCl と NaOH との中和滴定を行った．その中和点付近における pH の変化を調べると……．

参考文献　浅田誠一他，定量分析，技報堂出版，p.34, 2001．

レポート例　有機化学実験（定性）

<u>Date 5/23（水）</u>　<u>Faculty 総合人間</u>　<u>Class ①H3</u>　<u>Name 京大太郎</u>　<u>No. A01N</u>

題名　有機定性分析

目的　各種化合物の中性，酸性，アルカリ性条件下での水に対する溶解性試験，およびケトンとアミンを題材とした官能基分析……する．それと同時に，観察される変化と分子構造の変化を対応づけ，……を考察する．

1.　溶解性試験

方法・結果　呈色反応皿の凹部に下表に示す化合物をスパチュラのくぼみ2杯ずつ取り，そこに蒸留水5滴，3 mol/L NaOH……を順次加えてよくかき混ぜて，そのつど均一溶液となるか観察した．その結果を表1に示す．

表1　溶解性試験の結果

	蒸留水	3 mol/L NaOH	6 mol/L HCl
安息香酸	結晶が分散するだけで，溶解しなかった．	溶解して，均一溶液となった．	無色結晶が遊離した．

考察　安息香酸が蒸留水に溶解しなかったのは，そのフェニル基が疎水的であるためと考えられる．これがアルカリ性で溶解したのは，下に示す反応式に従って，……考えられる．

$$\text{Ph-CO}_2\text{H} + \text{HCO}_3^- \rightleftharpoons \text{Ph-COO}^- + \text{H}_2\text{CO}_3$$
$$pK_a\ 4.2 \qquad\qquad\qquad\qquad\qquad pK_a\ 6.4$$

2.　ケトンの分析

方法・結果　2-アセチルナフタレンを呈色反応皿の凹部にスパチュラのくぼみ1/3杯取り，2-メチルプロパン-1-オール……した．その結果，……であった．これは下に示す反応式に従って，……考えられる．

レポート例　有機化学実験（合成）

Date 5/23（水）　Faculty 総合人間　Class ①H3　Name 京大太郎　No. A01N

題名　アセトアニリドの臭素化

目的　芳香族化合物の臭素化を題材に取り，有機化合物の取り扱いを体験し，有機合成の実験操作を習熟する．それと同時に，観察される物質の形態の変化と分子構造の変化を対応づけ，反応機構を考察する．

$$\text{C}_6\text{H}_5\text{–NHCOCH}_3 + \text{Br}_2 \longrightarrow \text{Br–C}_6\text{H}_4\text{–NHCOCH}_3 + \text{HBr}$$

方法と結果　臭化カリウム 0.70 g (5.9 mmol) を 100 mL 三角フラスコに入れ，蒸留水 10 mL に溶かした．次に，6 mol/L 塩酸 2.0 mL とアセトアニリド 0.40 g (3.0 mmol) を加えた後，……した．得られた粗結晶を 20 % 酢酸 30 mL に加え，加熱して溶解させ，……した．……した後，結晶を吸引ろ過で集め，ろ紙にはさんで十分乾燥したところ，4-ブロモアセトアニリド（0.40 g，収率 63 %）が白色粉末として得られた．その一部をさらに乾燥して，微量融点測定器を用いて融点を測定したところ，mp 158–160 °C であった（文献値 165–169 °C）．

考察

収率が期待したほど高くなかった理由としては，……．

測定した融点が報告値に比べかなり低かった原因としては，……．

臭素 Br_2 によるアセトアニリドの臭素化は，芳香族求電子置換反応に分類される．その反応は下の反応機構が示すように二つのステップからなっている．まず，ベンゼン環の π 電子が臭素分子を攻撃して，カルボカチオン中間体が形成される (step 1)．次に，中間体から水素イオンが脱離してベンゼン環が再生される (step 2)．無置換ベンゼンでは，この反応はルイス酸触媒を必要とするが，……．

[反応機構の図：step 1 および step 2 を示すアセトアニリドの臭素化の反応機構]

次に，ベンゼン環の反応位置について考える．……．

第1章

無機定性分析実験

　化学の研究を行う上で，物質を構成する原子や原子団の種類と数，すなわち組成を知ることが常に必要とされる．物質の組成を調べる作業を化学分析と言い，化学分析のうちで原子や原子団の種類を調べる作業を定性分析，それらの数（量）を調べる作業を定量分析と呼ぶ．定性分析は，対象とする原子や原子団の種類によって無機定性分析や有機定性分析などに，また，取り扱う物質の量によってマクロ定性分析，セミミクロ定性分析，ミクロ定性分析などに分類できる．

　本実験は，水溶液中の金属カチオン（陽イオン）を対象としたセミミクロ定性分析を主題としている．金属カチオン定性分析の一般的な手順は，試料溶液に適当な試薬を加えて，目的とするカチオンを他のカチオンから分離（単離）することから始まる．次に，目的とするカチオンに特有の反応を行い，その存在を確認する．セミミクロ定性分析では確認は目視によってなされ，確認反応としては着色沈殿や着色液を生成する反応が多く用いられる．カチオンの単離操作は水溶液中のイオン平衡に関する理論を基礎とするので，これを学習することが望まれる（参照：p.140, 付録 A〔無機定性分析実験におけるイオン分離の原理〕）．また，確認操作に関係する物質の着色については，付録 B〔物質の色〕(p.148)，付録 D〔金属錯体とキレート〕(p.162) を参照のこと．

＜カチオン分離の原理＞

　定性分析の対象となるカチオンは通常 25 種類程度である．これらを確認するためには，1 種類のカチオンのみに選択的に反応する確認試薬があれば理想的であるが，現実には，1 種類の試薬に数種類のカチオンが類似の反応を示すことが多い．したがって，まず約 25 種類のカチオンを，それらの共通した性質を利用していくつかのグループ（慣例的に「属」と呼ばれる）に分けた後，さらに各属内で個々のカチオンを単離して確認する．このように多数のカチオンを各属に分けることを**属分離**ある

いは**分属**と呼び，そのために使用する試薬を分属試薬という．また，各属内で個々のカチオンを単離することを**属内分離**という．なお，ここでいう「属」は，元素の周期表における「族」とはまったく別のものであり，本テキストではその違いを明瞭に表すため「属」の漢字を使用している．ただし，「族」と表記している教科書や専門書も多いので注意してもらいたい．

分属法にはいくつかの方法があるが，一般的によく知られ，本実験でも採用するのは表 1.1 の方法である．すなわち，難溶性塩化物を生成するカチオン（第 I 属），0.3 mol/L HCl 酸性で難溶性硫化物を生成するカチオン（第 II 属）を順次分離する分属法である．第 I 属カチオンは，第 II 属カチオンと同じく 0.3 mol/L HCl 酸性

表 1.1　カチオンの属分離法（沈殿生成法）の概略

	カチオン種	属分離試薬と条件	沈殿とその化学式
第 I 属	Pb^{2+}, Ag^+, Hg_2^{2+}	HCl 水溶液（または Cl^- を含むもの，たとえば NH_4Cl）を加える．	塩化物 $PbCl_2$, $AgCl$, Hg_2Cl_2
第 II 属	Cu^{2+}, Bi^{3+}, (Pb^{2+}), Hg^{2+}, Cd^{2+}, Sn^{2+}, Sn^{4+}	0.3 mol/L HCl 酸性水溶液にチオアセトアミド水溶液を加える（あるいは H_2S ガスを通じる）．	硫化物 CuS, Bi_2S_3, PbS, HgS, CdS, SnS, SnS_2
第 III 属	Fe^{3+}, Al^{3+}, Cr^{3+}, Fe^{2+}	NH_4Cl の存在下で，NH_3 水溶液を加える．	水酸化物 $Fe(OH)_3$, $Al(OH)_3$, $Cr(OH)_3$, $Fe(OH)_2$
第 IV 属	Ni^{2+}, Co^{2+}, Mn^{2+}, Zn^{2+}	NH_4Cl の存在下で，NH_3 アルカリ性水溶液にチオアセトアミド水溶液を加える（あるいは H_2S ガスを通じる）．	硫化物 NiS, CoS, MnS, ZnS
第 V 属	Ca^{2+}, Sr^{2+}, Ba^{2+}	NH_4Cl の存在下で，NH_3 水溶液と $(NH_4)_2CO_3$ 水溶液を加える．	炭酸塩 $CaCO_3$, $SrCO_3$, $BaCO_3$
第 VI 属	Mg^{2+}, Li^+, Na^+, K^+, NH_4^+	なし	

太字は本テキストで分析対象とするカチオンを表す．塩化鉛 $PbCl_2$ は可溶性と難溶性の境目にある塩なので，Pb^{2+} は第 I 属，第 II 属両方に記載した．

で難溶性硫化物を生成するので，第 II 属の分属は，第 I 属の分属を終えた後（塩化物として除去した後）に行う．第 III 属以降の分属についても同様であり，その順序が重要である．カチオンの属分離の手順をまとめると図 1.1 のようになり，このような図を分離系統図と呼ぶ．

　第 I 属から第 V 属に分離されたカチオンは，さらに各属の中で個々のカチオンに特有な反応を利用して，単離と確認を行う．場合によっては数種類のカチオンを分離せずに確認を行うこともある（たとえば Ni^{2+} と Co^{2+}）．一般に行われる属内分離の系統図を p.40〜45, 図 1.2〜1.7 に示す．属内分離の原理と実験操作は，それぞれの項目の解説中で詳しく説明する．ただし，その内容は図 1.2〜1.7 の分離確認系統図の内容をすべて含むわけではないので，それぞれの実習に合わせた分離確認系統図を各自作成しておくこと．また，実際の実習は属の順番とは異なる順番で行う（たとえば第 1 回目の実習では第 III 属を扱う）が，これは実験内容・操作の難易度を考慮した措置である．

　無機沈殿を効率よく生成し分離するには，以下の操作を注意深く実施する必要がある．

＜沈殿の完成＞

　目的とするイオンをできるだけ完全に沈殿させるには，加える沈殿試薬の量が，当量（理論的に必要な物質量）をわずかに超過した状態が望ましい．また，沈殿試薬を加え過ぎると，錯イオンを形成して沈殿が溶け出すこともある．さらに，過剰の試薬が後の操作に支障をきたす場合があるので，試薬の滴下は慎重に行う．

　反応液中のイオンと試薬を完全に反応させるには，液の組成を常に均一にする必要がある．そのため，試薬を加えるたびに撹拌してよく混合しなければならない．

＜沈殿の熟成＞

　一般に，生成直後の沈殿粒子は小さく，コロイド状となって沈降しにくい．そのような場合，加熱と混合によって沈殿を十分熟成すると，粒子が互いにくっつきあって大きな粒子になる．また，溶液中に電解質を加えると，コロイド粒子の表面電荷が中和されて，凝結して沈降しやすくなる．このとき，加える電解質は沈殿と共通のイオンを有するもの，さらに，なるべく後の操作の妨げにならないものがよい．

＜沈殿の沈降分離＞

次に，生成した沈殿を沈降して分離する．比重の大きい粗い沈殿やよく熟成した沈殿は，しばらく放置すると自然に沈降する．これを静置法あるいは重力沈降法と呼ぶ．一方，比重の小さい沈殿，熟成しても粒子があまり大きくならない沈殿，水を多量に含む沈殿は放置しても沈降しない．このような場合，遠心分離機を用いて沈降（遠心沈降）を行う．本実験で取り扱う沈殿は，約 2000 rpm（回転/分）で 10〜20 秒間回転すれば，ほぼ完全に沈殿することが多い．

分離した無機沈殿を洗浄する場合，得られた沈殿に蒸留水を適量加え，撹拌棒で沈殿をよく分散させた後，100 °C 近くに加熱する．次に遠心沈降して上澄み液を除去する方法が一般的である．また，後の操作を妨げない電解質を少量加えた温水を用いることも多い．洗浄操作は沈殿の種類に応じて，洗浄液の種類，組成，温度を適切に選択しなければならない．

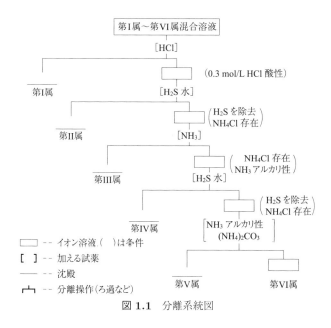

図 1.1　分離系統図

40　第 1 章　無機定性分析実験

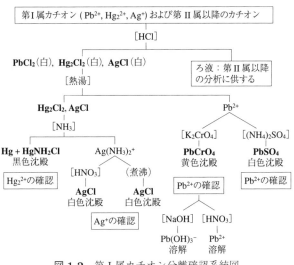

図 1.2　第 I 属カチオン分離確認系統図

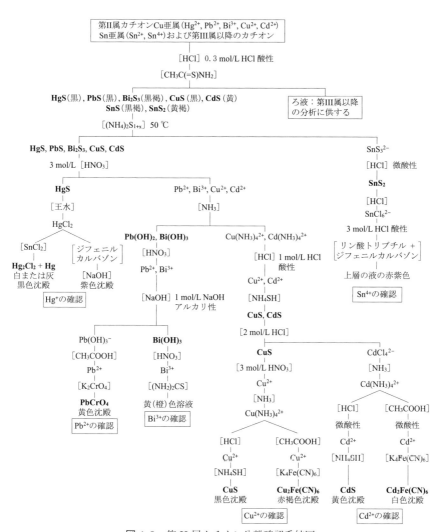

図 1.3　第 II 属カチオン分離確認系統図

42　第1章　無機定性分析実験

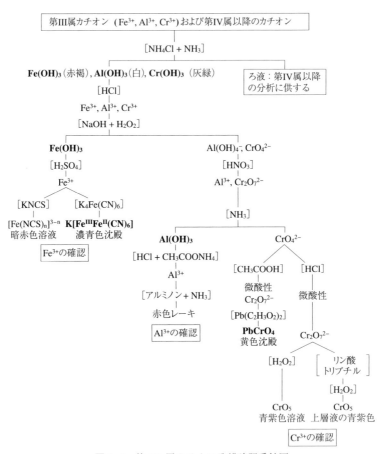

図 1.4　第 III 属カチオン分離確認系統図

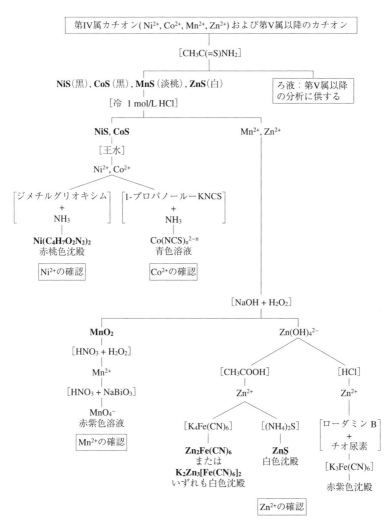

図 1.5　第 IV 属カチオン分離確認系統図

44　第1章　無機定性分析実験

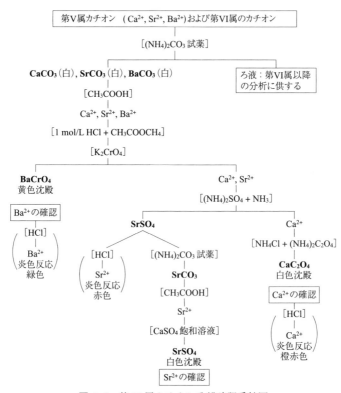

図 1.6　第 V 属カチオン分離確認系統図

第1章 無機定性分析実験 45

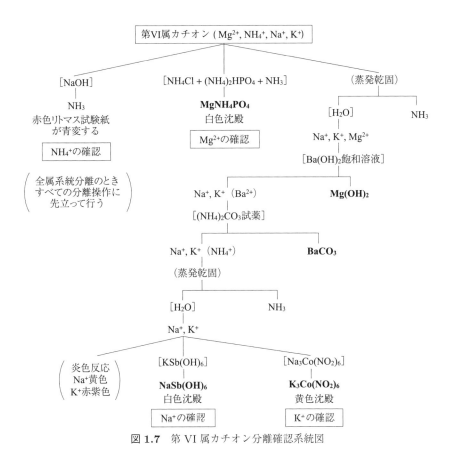

図 1.7 第 VI 属カチオン分離確認系統図

1.1 Fe^{3+}, Al^{3+} の基本反応（第 III 属カチオンの基本反応）

実験の概要

　第 III 属カチオンである Fe^{3+}, Al^{3+} は，NH_4Cl の存在下 NH_3 水溶液を加えると難溶性の水酸化物となって沈殿する．一方，第 IV 属以降のカチオンはこの条件では水酸化物を生成しないか，あるいはアンミン錯イオンを形成して溶液中に残存する．この違いを利用して，第 III 属カチオンを第 IV 属以降のカチオンから分離できる（属分離）．ただし，第 I〜II 属カチオンは，第 III 属カチオンと同様に水酸化物沈殿を生成するので，前もって分離しておかねばならない．

　また，$Al(OH)_3$ は両性を示し NaOH 水溶液に溶解する一方，$Fe(OH)_3$ はほとんど溶解しない．この違いを両者の分離（属内分離）に用いる．[1]

　本実習では，Fe^{3+} を NaOH 水溶液によって水酸化物とし，この沈殿を分離する（操作 1.1.1）．一方，Al^{3+} は NH_4Cl の存在下 NH_3 水溶液を用い，水酸化物を同様に沈殿・分離する（操作 1.1.3）．その後，それぞれのカチオンの確認反応を実施して変化を観察する（操作 1.1.2, 1.1.4）．また，Fe^{3+} の確認反応では，試料溶液を順次希釈し，どの程度の Fe^{3+} の濃度まで確認が可能か，用いる試薬ごとに検出可能限界濃度を調べる（操作 1.1.2）．参照：p.42，図 1.4．

実験操作
1.1.1　Fe^{3+} の基本反応

(1)　目盛り付き遠心管に 0.1 mol/L $Fe(NO_3)_3$ 水溶液 10 滴を取る．[2] 蒸留水を加えて全量を 2 mL とし，3 mol/L NaOH 水溶液を 6 滴加えて撹拌棒でよくかき混ぜた後，約 10 秒間静置して内容物の変化を観察する．次に，電熱式水浴を用いてこれを 100 ℃ 近くで 1 分間加熱した後，静置して変化を観察する．もし変化がなければ 3 mol/L NaOH 水溶液の滴下，その後の撹拌，加熱，静置を繰り返す．赤褐色の綿状沈殿と無色透明の溶液とに分かれる徴候が見えたら，約 1 分間静置して沈殿を沈降させる．さらに 3 mol/L NaOH 水溶液 1 滴を上澄み液の部分に静かに加え，新たに濁りが生じなければ沈殿が完成

---

[1] この分離は本実習では行わない．実験 1.5〔未知試料の分析〕の中で行う（p.73，操作 1.5.5）．
[2] $Fe(NO_3)_3$ 水溶液がわずかに着色していることもあるが，そのまま使用する．この着色は，加水分解によって $[Fe(OH)(H_2O)_5]^{2+}$，$[Fe(OH)_2(H_2O)_4]^+$ のような各種のヒドロキシド錯体やコロイド状の $Fe(OH)_3$ が生成するためである．この加水分解を防ぐため，試料の $Fe(NO_3)_3$ 水溶液は硝酸酸性にしてある．なお，塩酸酸性溶液中では，$FeCl_4^-$ や $FeCl_6^{3-}$ などの錯イオンのために黄色く着色する．

したとみなす．濁りが生じたら加熱，撹拌，静置を繰り返して沈殿を完成させる．

(2) 次に，別の遠心管に蒸留水を入れて，操作 1.1.1(1) の遠心管と重さを等しくする．これら 2 本の遠心管を遠心分離機の回転軸に関して対称の位置にある保護管に入れ，遠心沈降を行い，[3] 沈殿 P1 と上澄み液 S1 に分ける．[4] 上澄み液をスポイト法か傾斜法で除去し，[5] 廃液容器に移す．次に洗浄のため，沈殿 P1 に蒸留水を約 3 mL 加えて，撹拌棒で沈殿をよく分散させた後，100 ℃ 近くに加熱する．再度遠心沈降して上澄み液を除去する．

1.1.2　Fe^{3+} の確認とその検出可能限界濃度

(1) 操作 1.1.1(2) で得た沈殿 P1 に 6 mol/L HCl 水溶液を 1～2 滴加え，加熱，撹拌を行い，沈殿を溶解させた後，蒸留水を約 1 mL 加える．得られた Fe^{3+} の塩酸酸性溶液を遠心管からメートルグラスに移し，遠心管内はごく少量の蒸留水（1～2 mL 程度）で 1～2 回すすぎ，その液もメートルグラスに加える．さらに蒸留水を加えて全量を 5 mL とする．1.1.1(1) で最初に測り取った 0.1 mol/L $Fe(NO_3)_3$ 溶液 1 滴の容量を 0.05 mL として検出可能限界濃度算出に必要な初期濃度を計算する．このとき，これまでの操作では Fe^{3+} は失われず，すべて操作 1.1.2 の試験に供されたものとする．よく洗ったスポイトをメートルグラスの液中に入れ，ゴム球を数回押したりゆるめたりして液をよく撹拌した後，乾いた呈色反応皿の凹部 2 箇所に 1 滴ずつ入れる．

(2) 一方には 0.1 mol/L チオシアン酸カリウム KNCS 水溶液を 1 滴加え，撹拌棒の先端でよくかき混ぜ，変化を観察する．他方には 0.05 mol/L ヘキサシアニド鉄(II)酸カリウム（フェロシアン化カリウム）$K_4Fe(CN)_6$ 水溶液を 1 滴加え，同様に撹拌して変化を観察する．

(3) 操作 1.1.2(2) で沈殿の生成を確認した後，[6] メートルグラス内の溶液を 1 mL だけ残して，あとはスポイトで除去する．残った液に蒸留水を加え全量を 5 mL とし，操作 1.1.2(1) と同じ操作で乾いた呈色反応皿の凹部 2 箇所に各 1

---

[3] 遠心分離機の操作方法は p.20 を参照する．また，回転速度は約 2000 rpm に設定する．
[4] 本実験では，P は沈殿 (precipitate) を，S は上澄み液 (supernatant liquid) を示す．
[5] p.15，スポイトによる分離，p.16，傾斜法による分離を参照すること．
[6] 呈色反応皿上では，生成物が沈殿であるかどうか判別しにくいが，着色が認められれば沈殿が生成したとみなす．

滴ずつ液を取る．これらについて操作 1.1.2(2) と同じ検出操作を行う．以上の操作を沈殿の生成が認められなくなるまで続ける．観察が終われば呈色反応皿上の液は廃液容器へ移す．

(4) KNCS および $K_4Fe(CN)_6$ を確認試薬として用いた場合の Fe^{3+} 検出可能限界濃度を計算する．一連の実験結果は表 1.2 のようにまとめる．

表 1.2 希釈溶液の沈殿生成の様子

希釈倍数	5^0 倍	5^1 倍	5^2 倍	5^n 倍	5^{n+1} 倍	5^{n+2} 倍
KNCS	++	++	+	+	±	−
$K_4Fe(CN)_6$	++	++	++	±	−	−

++：極めて明瞭に沈殿が認められる．
+：沈殿が認められる．
±：沈殿が生成しているかどうか判定がむずかしい．
−：沈殿の生成がまったく認められない．

+，− の判定は各自が行うべきで，他人に意見を求めてはならない．表 1.2 に示すように沈殿の生成（+）が最後に認められた 5^n 倍希釈濃度を検出可能限界濃度として，下の式 1.1 を用いて最初の濃度と希釈倍数から計算する．

$$Fe^{3+} の検出可能限界濃度 = 初期濃度 / 5^n \,(mol/L) \tag{1.1}$$

2 桁で報告する．

1.1.3　緩衝溶液を用いた $Al(OH)_3$ 沈殿の完成

(1) 1〜2 枚の万能 pH 試験紙をハサミで 5 mm 程度の長さに切り，乾いた呈色反応皿の凹部に 1 片ずつ入れておく．[7] 次に，遠心管に 0.1 mol/L $Al(NO_3)_3$ 水溶液 10 滴と 3 mol/L NH_4Cl 水溶液 1 mL を入れ，100 ℃ 近くに加熱した後，3 mol/L NH_3 水溶液（6 mol/L NH_3 水溶液を 2 倍に希釈したもの）を 1 滴ずつ加えて撹拌し，そのつど液の pH を調べる．万能 pH 試験紙が pH 7 付近（中性）を示したら，そこで 3 mol/L NH_3 水溶液の滴下をやめ，よく撹拌しながら 100 ℃ 近くに加熱する．これで $Al(OH)_3$ はほぼ完成しているが，半透明の白色ゲル状沈殿で容易に沈降しない．

---

[7] p.10, pH 試験紙を参照すること．使用の度に保管箱から出し入れする．

(2) ろ紙 (No.1, 90 mm) を密着させた漏斗を漏斗台に載せ，受器として小型ビーカーを漏斗の足に接して置く（参照：p.16，自然ろ過）．次に，操作 1.1.3(1) の遠心管の内容物を撹拌棒に沿わせて，ろ紙上に注ぎ入れる．管壁に付着した沈殿をろ紙上に移すため，ろ液の一部をもとの遠心管に戻し，撹拌棒で沈殿をかき落とし，ろ紙上へ洗い出す．ろ液は廃液容器に移す．

(3) 蒸留水 3 mL に 3 mol/L NH_4Cl 水溶液を 5 滴加えたものを洗浄液として用意する．これを加熱してろ紙上の沈殿に注ぎ，沈殿全体が潤うようにする．この操作でろ紙上の沈殿を洗浄する．

(4) 洗浄後，漏斗の下に別の小型ビーカーを置く．小試験管に 6 mol/L HCl 水溶液を約 1 mL 取り，100 ℃ 近くに加熱する．それをスポイトで取り，ろ紙上の沈殿全体が潤うように 1 滴ずつ滴下し，沈殿を溶解する．1 回の操作では完全には溶解しないので，受器に落ちた溶液を試験管に戻し，加熱後，ろ紙上の沈殿に再び滴下する．溶液の一部は受器に落ちるが，かなりの部分はろ紙や漏斗に残るので，ろ紙の上から蒸留水 1〜2 mL をまんべんなく注ぎ，受器に落とす．この溶液を目盛付き遠心管へ移し，次の確認反応に用いる．

1.1.4　Al^{3+} の確認

操作 1.1.3(4) で得た溶液に蒸留水を加えて全量を約 3 mL とした後，[8] 3 mol/L CH_3COONH_4 水溶液 3 滴と 0.5 % アルミノン水溶液 2 滴を加えてよく振り混ぜる．次に，6 mol/L NH_3 水溶液を 1 滴加えて，よく振り混ぜて変化を観察する（アルミノン反応）．溶液の pH を万能 pH 試験紙で確認しながら，溶液に変化が認められるまで NH_3 水溶液を 1 滴ずつ加えて操作を続ける．[9] pH $<$ 1 では NH_3 水溶液を 5 滴加える．

---

[8] 液量が 3 mL を超えている場合には，超えた部分を取り除いて，次の操作を行う．
[9] 6 mol/L NH_3 水溶液を加える前に赤橙色の沈殿ができることがあるが，これはレーキではなく，6 mol/L NH_3 水溶液を加えると溶解する．また，アルミノン反応を指示通りに行ってもアルミノンレーキが生成しにくいときは，3 mol/L CH_3COONH_4 水溶液を約 0.5 mL 追加して，よく撹拌した後，しばらく放置する．

[Fe^{3+} の定性反応]
(1) NH_3 水溶液

赤褐色の水酸化鉄 (III) $Fe(OH)_3$ が沈殿する．

$$Fe^{3+} + 3NH_3 + 3H_2O \rightarrow Fe(OH)_3\downarrow + 3NH_4^+$$

この沈殿は NH_4Cl が共存しても生成する．また，過剰の NH_3 水溶液にも不溶である．

(2) NaOH 水溶液

赤褐色の $Fe(OH)_3$ が沈殿する．

$$Fe^{3+} + 3OH^- \rightarrow Fe(OH)_3\downarrow$$

沈殿は冷時，過剰の希 NaOH 水溶液には不溶である．熱時，濃 NaOH 水溶液には亜鉄酸イオン $[Fe(OH)_4]^-$ となってわずかに溶ける．つまり，$Al(OH)_3$ ほど顕著ではないが，$Fe(OH)_3$ もわずかに両性である．

(3) KNCS 水溶液

中性または酸性水溶液で，NCS^- は Fe^{3+} と暗赤色の可溶性錯イオン $[Fe(NCS)_n]^{3-n}$ ($n = 1 \sim 6$) を形成する．

$$Fe^{3+} + nNCS^- \rightarrow [Fe(NCS)_n]^{3-n} \quad (n = 1 \sim 6)$$

n の値は NCS^- の濃度によって変化し，$Fe(NCS)_3$，$[Fe(NCS)_6]^{3-}$ などが生ずる．

(4) $K_4Fe(CN)_6$ 水溶液

中性または酸性水溶液中で濃青色の沈殿 $K[Fe^{III}Fe^{II}(CN)_6]$ を生ずる．

$$Fe^{3+} + [Fe(CN)_6]^{4-} + K^+ \rightarrow K[Fe^{III}Fe^{II}(CN)_6]\downarrow$$

沈殿はコロイド状になることもある．また，この沈殿はプルシアンブルーまたはベルリンブルーとも呼ばれる．

[Al^{3+} の定性反応]
(1) 緩衝溶液

両性水酸化物である水酸化アルミニウム Al(OH)$_3$ の沈殿を完全に作るには，pH を 7 付近に保つ必要がある（参照：p.144，付録 A.3）．この目的のために NH$_3$-NH$_4$Cl 緩衝溶液が用いられる．すなわち，NH$_3$ と NH$_4$Cl の混合溶液に外部から少量の H$^+$ や OH$^-$ を加えても，それらは次式のように消費されるので，この混合溶液（緩衝溶液）の pH は変動しにくい．

$$\mathrm{NH_3 + H^+ \rightarrow NH_4^+}$$

$$\mathrm{NH_4^+ + OH^- \rightarrow NH_3 + H_2O}$$

(2) NH$_3$ 水溶液

白色でかさ高い Al(OH)$_3$ が沈殿する．

$$\mathrm{Al^{3+} + 3NH_3 + 3H_2O \rightarrow Al(OH)_3 \downarrow + 3NH_4^+}$$

Al(OH)$_3$ は，冷時，過剰の NH$_3$ 水溶液に溶解し，アルミン酸イオン [Al(OH)$_4$]$^-$ が生成する．

$$\mathrm{Al(OH)_3 + NH_3 + H_2O \rightarrow [Al(OH)_4]^- + NH_4^+}$$

(3) NaOH 水溶液

白色でかさ高い Al(OH)$_3$ が沈殿する．

$$\mathrm{Al^{3+} + 3OH^- \rightarrow Al(OH)_3 \downarrow}$$

Al(OH)$_3$ は過剰の NaOH 水溶液に溶解し，[Al(OH)$_4$]$^-$ が生成する．

$$\mathrm{Al(OH)_3 + OH^- \rightarrow [Al(OH)_4]^-}$$

(4) アルミノン水溶液

CH$_3$COONH$_4$ を含む緩衝溶液中で，アルミノン水溶液と NH$_3$ 水溶液を加えると，Al^{3+} から生じた Al(OH)$_3$ の沈殿にアルミノンが吸着されて赤色物質ができる．このようにして金属の水酸化物に色素が吸着して生ずる着色物質を，一般にレーキ (lake) と呼ぶ．アルミノンレーキは CH$_3$COONH$_4$ を含む緩衝溶液中でのみ生成する．

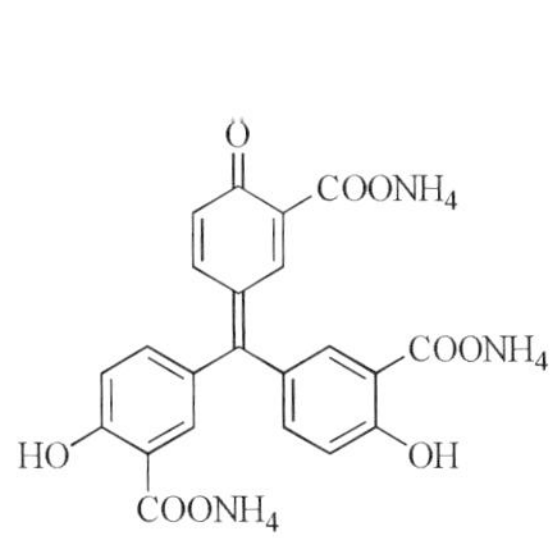

図 **1.8** アルミノン

1.2 　Ag^+，Pb^{2+} の基本反応（第 I 属カチオンの基本反応）

実験の概要

　第 I 属カチオンである Ag^+，Pb^{2+} は，その塩化物塩が水に難溶である性質を利用して，第 II 属以降のカチオンから分離することができる．

　塩化銀 AgCl は，25 ℃ における溶解度が約 1.9×10^{-3} g/L （$= 1.3 \times 10^{-5}$ mol/L）と，きわめて難溶性であるのに対し，塩化鉛 $PbCl_2$ のそれは約 11 g/L （$= 3.9 \times 10^{-2}$ mol/L）であり，少しは水に溶解する．特に 100 ℃ では約 32 g/L （$= 0.11$ mol/L）に達する．この溶解度の違いを利用すれば両者を分離できる．

　本実習では，Ag^+ と Pb^{2+} の混合溶液からの両者の分離（属内分離，操作 1.2.1）と Pb^{2+} の確認反応（操作 1.2.2）と Ag^+ の確認反応（操作 1.2.3）を行う．参照：p.40，図 1.2.

実験操作
1.2.1 　Ag^+ と Pb^{2+} の分離

(1) 　0.2 mol/L $Pb(NO_3)_2$ 水溶液 3 滴と 0.1 mol/L $AgNO_3$ 水溶液 7 滴を 1 本の遠心管に入れて，これを第 I 属カチオンの混合試料とする．これに 1 mol/L NH_4Cl 水溶液（3 mol/L NH_4Cl 水溶液を蒸留水で 3 倍に希釈）を沈殿が完成するまで加える．[10] 遠心沈降して得られた上澄み液は，通常の系統分析（実験 1.5〔未知試料の分析〕）では第 II 属以降のカチオンの分析に供することになるが，今回は廃液容器へ移す．

(2) 　操作 1.2.1(1) で得た沈殿に蒸留水 1 mL を加え，よく撹拌しながら 100 ℃ 近くに加熱する．熱いうちに傾斜法で，手際よく沈殿 P1 と上澄み液 S1 を分ける．これが $PbCl_2$ の抽出操作である．上澄み液 S1 は操作 1.2.2 に用いる．

(3) 　沈殿 P1 に蒸留水 1 mL を加え，操作 1.2.1(2) と同じ抽出操作を行って，上澄み液を別の小試験管に取る．この液に 3 mol/L H_2SO_4 水溶液を加えて白色沈殿が生じれば，抽出が不十分であったことを示す．[11] その場合，それが生じなくなるまで，沈殿 P1 に対して同じ抽出操作を繰り返す．上澄み液は廃液容器へ移す．

---

[10] ここで生じる沈殿のうち $PbCl_2$ は凝結して緻密になるとはっ水性を持つ．そのため，$PbCl_2$ は比較的重い沈殿（比重 5.85）であるにも拘らず，液面に白い粉のように浮くことがある．
[11] 室温で $PbCl_2$ 沈殿を完成させても，上澄み液中にはかなりの Pb^{2+} が含まれており，SO_4^{2-} を含む溶液を加えると，その難溶性塩沈殿が生じる．

1.2.2 Pb^{2+} の確認反応

(1) 操作 1.2.1(2) で得た上澄み液 S1 に 3 mol/L H_2SO_4 水溶液を 1 滴加えて撹拌し，変化を観察する．このとき白色沈殿が生じれば，Pb^{2+} の確認となる．

(2) しばらく静置した後，さらに 3 mol/L H_2SO_4 水溶液を 1 滴加えて沈殿を完成させる．この反応液を用いて以下の Pb^{2+} の定性反応を行う．

(3) 万能 pH 試験紙で上澄み液の pH を調べながら，3 mol/L NaOH 水溶液を 1 滴ずつ，よく撹拌しながら加え，変化を観察する．液が pH 8〜9（弱アルカリ性）を示したら，さらに 3 mol/L NaOH 水溶液を 1 滴ずつ追加し，沈殿が溶解するかどうかを見る．沈殿が溶解したら，3 mol/L HNO_3 水溶液（6 mol/L HNO_3 水溶液を蒸留水で 2 倍に希釈する）を 1 滴ずつ注意深く加え，内容物の変化を観察しながら中和する．

(4) 次に 6 mol/L NH_3 水溶液を 1 滴ずつ，よく撹拌しながら加え，万能 pH 試験紙で上澄み液の pH を調べながら，溶液の変化を観察する．液が pH 8〜9（弱アルカリ性）を示したら，沈殿を遠心沈降させる．上澄み液を除去し，沈殿にさらに 6 mol/L NH_3 水溶液を数滴加え，沈殿が溶解するかどうかを観察する．最後に，沈殿と上澄み液を廃液容器に移す．

1.2.3 Ag^+ の確認反応

(1) 操作 1.2.1(3) で得た沈殿 P1 に室温で 6 mol/L NH_3 水溶液を 1 滴ずつ加え，撹拌棒で沈殿を砕きながら撹拌し，完全に溶解させる．このとき必要以上の 6 mol/L NH_3 水溶液を加えると，後の操作に差し障るので，最少量にとどめる．濁りが残るときはろ過する．こうして得た透明溶液を 100 °C 近くで加熱して溶液中の NH_3 を除き，その間の変化を観察する．白色沈殿の析出，液の濁り，液面の浮遊物，あるいは管壁の付着物が観察されたら，Ag^+ の確認となる．

(2) 次に，遠心管を水道流水中で冷却してから，再び 6 mol/L NH_3 水溶液を加えて沈殿を溶解させる．この溶液に 6 mol/L HNO_3 水溶液を 1 滴ずつ撹拌しながら加え，変化を観察する．液が pH 6（弱酸性）を示したところで 6 mol/L HNO_3 水溶液の滴下をやめる．このとき白色沈殿が生じれば，先と同じく Ag^+ の確認となる．

[Pb^{2+} の定性反応]
(1) NH_4Cl 水溶液

白色の塩化鉛 $PbCl_2$ が沈殿する．

$$Pb^{2+} + 2Cl^- \rightarrow PbCl_2 \downarrow$$

$PbCl_2$ の溶解度はあまり小さくなく（25 ℃ で 11 g/L = 3.9×10^{-2} mol/L），希薄な溶液からは沈殿しない．また，$PbCl_2$ の溶解度は温度とともに大きくなり，沸騰水で 32 g/L に達する．

(2) H_2SO_4 水溶液

白色の硫酸鉛 $PbSO_4$ が沈殿し，その溶解度は $PbCl_2$ よりずっと小さい．

$$Pb^{2+} + SO_4^{2-} \rightarrow PbSO_4 \downarrow$$

$PbSO_4$ は多量の希 H_2SO_4 水溶液を加えても不溶である．一方，1 mol/L 以上の濃度の NaOH 水溶液や HNO_3 水溶液などの酸には溶解する．

(3) K_2CrO_4 水溶液

黄色のクロム酸鉛 $PbCrO_4$ が沈殿する．

$$Pb^{2+} + CrO_4^{2-} \rightarrow PbCrO_4 \downarrow$$

この沈殿反応は Pb^{2+} の確認反応として用いられる．

(4) NaOH 水溶液

Pb^{2+} に NaOH 水溶液を加えていくと，最初，白色の水酸化鉛 $Pb(OH)_2$ が沈殿する．

$$Pb^{2+} + 2OH^- \rightarrow Pb(OH)_2 \downarrow$$

さらに NaOH 水溶液を加えると亜ナマリ酸イオン $[Pb(OH)_3]^-$，$[Pb(OH)_4]^{2-}$ などになって溶解する．すなわち $Pb(OH)_2$ は両性水酸化物である．

$$Pb(OH)_2 + OH^- \rightarrow [Pb(OH)_3]^-$$
$$Pb(OH)_2 + 2OH^- \rightarrow [Pb(OH)_4]^{2-}$$

(5) NH_3 水溶液

白色の $Pb(OH)_2$ が沈殿する．

$$Pb^{2+} + 2NH_3 + 2H_2O \rightarrow Pb(OH)_2 \downarrow + 2NH_4^+$$

NaOH 水溶液の場合と異なり，$Pb(OH)_2$ は多量の NH_3 水溶液を加えても不溶である．

[Ag^+ の定性反応]
(1) HCl 水溶液

白色の塩化銀 AgCl が沈殿する．AgCl の溶解度は 25 ℃で約 1.9×10^{-3} g/L (1.3×10^{-5} mol/L)．

$$Ag^+ + Cl^- \rightarrow AgCl \downarrow$$

これは沸騰水中でも難溶である．AgCl に NH_3 水溶液を加えると，無色のジアンミン銀(I) イオン $[Ag(NH_3)_2]^+$ となって溶解する．

$$AgCl + 2NH_3 \rightarrow [Ag(NH_3)_2]^+ + Cl^-$$

Cl^- が存在すると，$[Ag(NH_3)_2]^+$ は酸または加熱によって AgCl となり沈殿する．

$$[Ag(NH_3)_2]^+ + Cl^- + 2H^+ \rightarrow AgCl \downarrow + 2NH_4^+$$

$$[Ag(NH_3)_2]^+ + Cl^- \xrightarrow{加熱} AgCl \downarrow + 2NH_3 \uparrow$$

1.3 Cu^{2+}, Bi^{3+} の基本反応（第II属カチオンの基本反応）

実験の概要

　第II属カチオンである Cu^{2+}, Bi^{3+} は，0.3 mol/L HCl 酸性水溶液（pH 約 0.5）[12] から S^{2-} によって難溶性の硫化物となって沈殿するが，第III属以降のカチオンは沈殿しない．この違いを利用して，第II属カチオンと第III属以降のカチオンを分離する．特に，第IV属の属分離条件との相違に注意すべきである（p.61，実験 1.4）．[13] ただし，第I属カチオンは，第II属カチオンと同様に硫化物沈殿を生成するので，第I属カチオンは前もって分離しておかなければならない．

　また，多量の NH_3 水溶液を加えると，Cu^{2+} は可溶性の錯イオンを形成するが，Bi^{3+} は錯イオンを形成しない．この違いを用いて両者を分離する．

　本実習では，Cu^{2+}，Bi^{3+} の硫化物生成（操作 1.3.1）および両者の分離（操作 1.3.2）を行い，その後，各々の確認反応（操作 1.3.3 および 1.3.4）を観察する．なお，S^{2-} の供給源としては，H_2S, NH_4SH, $(NH_4)_2S$ も使用できるが，本実習ではそれらに比べて取り扱いが容易であるチオアセトアミド水溶液を用いる．下に示すように，この試薬は加熱によって水と反応して硫化水素 H_2S を発生する．

$$\underset{CH_3CNH_2}{\overset{S}{\|}} + H_2O \rightarrow \underset{CH_3CNH_2}{\overset{O}{\|}} + H_2S$$

　この反応を 0.3 mol/L HCl 酸性の試料溶液中で行うと，その場で，そこに含まれる第II属カチオンのみが硫化物となって沈殿する．参照：p.41，図 1.3．

実験操作
1.3.1　Cu^{2+}，Bi^{3+} の硫化物沈殿生成

　1本の遠心管に 0.1 mol/L $Bi(NO_3)_3$ 水溶液と 0.1 mol/L $Cu(NO_3)_2$ 水溶液を 5 滴ずつ取る．蒸留水 0.5 mL を加え，よく撹拌した後，6 mol/L NH_3 水溶液で中和する．このとき沈殿が生じてもかまわない．ここに蒸留水を加えて全量を 3 mL とした後，

---

[12] 酸性度の調節には HCl 水溶液が適切である．H_2SO_4 水溶液は第V属カチオンと反応して難溶性硫酸塩を作り，それが第II属カチオンの硫化物に混入するおそれがある．また，HNO_3 水溶液は酸化力を有するため，S^{2-} を酸化して S^0（イオウの単体）としてしまう．

[13] 第II属カチオン（0.3 mol/L HCl 酸性水溶液）と第IV属カチオン（NH_3 アルカリ性水溶液）の硫化物沈殿条件の違いと，それらの硫化物の溶解度積および溶液中の $[S^{2-}]$（S^{2-} の濃度）の関連については p.145，付録 A.4〔硫化物沈殿によるカチオンの分離〕を参照すること．

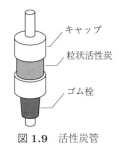

図 1.9 　活性炭管

6 mol/L HCl 水溶液 3 滴を加えると，試料溶液は約 0.3 mol/L HCl 酸性となる．次に，13 % チオアセトアミド水溶液（20 ℃ でほぼ飽和状態）7 滴を加える．撹拌棒でよく内容物を撹拌し，臭気を取る活性炭管（図 1.9）をはめ 100 ℃ 近くで 7〜8 分間加熱する．加熱中 2 回ほど遠心管を水浴から取り出して振り混ぜる．このとき活性炭管に反応液が入らないように注意すること．ほぼ透明の上澄み液と沈殿とに分かれるまで，加熱と振り混ぜを繰り返す．次に，遠心管を水道流水中で十分に冷却した後，約 1 分間振り混ぜる．これで第 II 属カチオンはほぼ完全に硫化物となっている．活性炭管をゴム栓[14]に換えて遠心沈降し，沈殿 P1 と上澄み液 S1 に分ける．沈殿 P1 を 2 mL の熱蒸留水で 1 回洗浄し，洗液を S1 に合わせる．この実習では，上澄み液 S1 はこれ以上使用しないので廃液容器に移す．実験 1.5〔未知試料の分析〕の場合，次の操作に使用する．

1.3.2 　Cu^{2+} と Bi^{3+} の分離

操作 1.3.1 で得た沈殿 P1 に 6 mol/L HNO_3 水溶液を 1 mL 加え，活性炭管をはめて数分間加熱し，沈殿を溶解させる．必要ならば活性炭管をはずし，時々撹拌棒で沈殿を軽く突き砕くように撹拌する．その後，目の細かいろ紙 (No.131) と小型漏斗，受器に遠心管を用いて，遊離したイオウをろ過で取り除く．ろ液を 6 mol/L NH_3 水溶液で中和した後，蒸留水 1 mL を加える．次に，全量の 1/5 量の 6 mol/L NH_3 水溶液を加えて，全体として約 1 mol/L NH_3 アルカリ性とし，沈殿を完成させる．遠心沈降で沈殿と上澄み液 S2 に分ける．沈殿に 2 mL の 1 mol/L NH_3 水溶液（6 mol/L NH_3 水溶液を蒸留水で 6 倍に希釈する）を加える．撹拌棒で沈殿をよく分散させた後，100 ℃ 近くに加熱する．次に水道流水中で冷却する．再度遠心沈降し，沈殿 P2 と上澄み液に分け，上澄み液は廃液容器に移す．

1.3.3 　Cu^{2+} の確認

操作 1.3.2 で得た上澄み液 S2（濁りがあればろ過する）を 6 mol/L CH_3COOH 水溶液で中和した後，さらに 6 mol/L CH_3COOH 水溶液を 1 滴加え pH 4〜6 （弱

---

[14] 硫化物の空気酸化をできる限り防ぐため，ゴム栓をする．

酸性) にする．次に，0.05 mol/L $K_4Fe(CN)_6$ 水溶液を 2～3 滴加える．このとき赤褐色沈殿が生じれば，Cu^{2+} の確認となる．

1.3.4　Bi^{3+} の確認

(1) 操作 1.3.2 で得た沈殿 P2 に 6 mol/L HNO_3 水溶液を 5～6 滴加えて溶解させる．溶解しにくければ加熱する．これに蒸留水 2 mL を加えた後，2 本の試験管に目分量で二等分する．1 本には 1 mol/L チオ尿素 $NH_2C(=S)NH_2$ を 2 滴加える．このとき溶液が黄色に呈色すれば，Bi^{3+} の確認となる．

(2) 残り 1 本に 6 mol/L NH_3 水溶液を滴下して，沈殿を完成させる．これをろ紙 (No.1, 55 mm) でろ過し，ろ紙上の沈殿を熱蒸留水 1 mL で 2 回洗浄する．

(3) 次の操作で $[Sn(OH)_4]^{2-}$ 錯イオン水溶液を別途調製する．[15] 0.1 mol/L $SnCl_2$ 水溶液 5 滴を小試験管に取り，これに 3 mol/L NaOH 水溶液を 1 滴ずつ加え，よく撹拌する．一度生成した沈殿（液全体が白く濁る）がほとんど溶解するまで，滴下を続ける．

(4) $[Sn(OH)_4]^{2-}$ 錯イオン水溶液を操作 1.3.4(2) で得たろ紙上の沈殿に滴下する．このとき，白色沈殿が黒変すれば，Bi^{3+} の確認となる．

◇◇◇◇◇◇◇◇◇◇◇◇◇◇◇◇◇◇◇◇◇◇◇◇◇◇◇◇

[Cu^{2+} の定性反応]

(1) H_2S

硫化銅 CuS の黒色沈殿が生成する．

$$Cu^{2+} + S^{2-} \rightarrow CuS\downarrow$$

HNO_3 水溶液中で煮沸すると S^{2-} は酸化されてイオウ S となり，CuS は溶解する．

$$3CuS + 2NO_3^- + 8H^+ \rightarrow 3Cu^{2+} + 2NO\uparrow + 3S + 4H_2O$$

(2) NH_3 水溶液

$Cu(NO_3)_2$ 水溶液に NH_3 水溶液を加えると淡青色の塩基性硝酸銅 $Cu(NO_3)(OH)$ と水酸化銅 $Cu(OH)_2$ が生成する．

---

[15] $Sn^{2+} + 2OH^- \rightarrow Sn(OH)_2$, $Sn(OH)_2 + 2OH^- \rightarrow [Sn(OH)_4]^{2-}$

$$\mathrm{Cu^{2+} + NO_3^- + OH^- \rightarrow Cu(NO_3)(OH)\downarrow}$$

$$\mathrm{Cu(NO_3)(OH) + OH^- \rightarrow Cu(OH)_2\downarrow + NO_3^-}$$

これにさらに NH_3 水溶液を追加すると，テトラアンミン銅(II)イオン $[Cu(NH_3)_4]^{2+}$ が生成して濃青色溶液になる．

$$\mathrm{Cu(NO_3)(OH) + 4NH_3 \rightarrow [Cu(NH_3)_4]^{2+} + NO_3^- + OH^-}$$

$$\mathrm{Cu(OH)_2 + 4NH_3 \rightarrow [Cu(NH_3)_4]^{2+} + 2OH^-}$$

$[Cu(NH_3)_4]^{2+}$ は NH_3 が多量に存在すると安定である．NaOH 水溶液を加えると $[Cu(NH_3)_4]^{2+}$ は分解し，$Cu(OH)_2$ の沈殿が生成する．$[Cu(NH_3)_4]^{2+}$ は CH_3COOH 水溶液の添加によっても分解して，$Cu(OH)_2$ を経て Cu^{2+} となる．

(3) $K_4Fe(CN)_6$ 水溶液

Cu^{2+} を含む溶液に $K_4Fe(CN)_6$ 水溶液を加えると，赤褐色のヘキサシアニド鉄(II)酸銅（フェロシアン化銅）$Cu_2Fe(CN)_6$ が沈殿する．

$$\mathrm{2Cu^{2+} + [Fe(CN)_6]^{4-} \rightarrow Cu_2Fe(CN)_6\downarrow}$$

Cu^{2+} の濃度の低いときは，$Cu_2Fe(CN)_6$ 沈殿は生成せず着色溶液となる．

[Bi^{3+} の定性反応]

(1) H_2O あるいは HCl 水溶液

$Bi(NO_3)_3$ 水溶液を水で希釈すると，白色の塩基性硝酸ビスマス $Bi(NO_3)(OH)_2$ が生成することがある．

$$\mathrm{Bi^{3+} + NO_3^- + 2H_2O \rightarrow Bi(NO_3)(OH)_2\downarrow + 2H^+}$$

また，$Bi(NO_3)_3$ 水溶液に希 HCl 水溶液を加えると白色の塩化酸化ビスマス(III)（オキシ塩化ビスマス）BiOCl が生成する．

$$\mathrm{Bi^{3+} + H_2O + Cl^- \rightarrow BiOCl\downarrow + 2H^+}$$

(2) H_2S

硫化ビスマス Bi_2S_3 の黒色沈殿が生成する．

$$\mathrm{2Bi^{3+} + 3S^{2-} \rightarrow Bi_2S_3\downarrow}$$

また，HNO_3 水溶液中で煮沸すると Bi_2S_3 は分解する．

$$Bi_2S_3 + 2NO_3^- + 8H^+ \rightarrow 2Bi^{3+} + 2NO\uparrow + 3S + 4H_2O$$

(3) NaOH 水溶液あるいは NH_3 水溶液

$Bi(NO_3)_3$ 水溶液に NaOH 水溶液を加えると，塩基性塩を経て水酸化ビスマス $Bi(OH)_3$ を生成する．

$$Bi^{3+} + 2NO_3^- + OH^- \rightarrow Bi(NO_3)_2(OH)\downarrow$$

$$Bi(NO_3)_2(OH) + OH^- \rightarrow Bi(NO_3)(OH)_2\downarrow + NO_3^-$$

$$Bi(NO_3)(OH)_2 + OH^- \rightarrow Bi(OH)_3\downarrow + NO_3^-$$

$Bi(OH)_3$ は大過剰の濃 NaOH 水溶液にわずかに溶解する．

NaOH 水溶液と同様に，NH_3 水溶液を加えると最初は塩基性塩が生成し，さらに多量の NH_3 水溶液を加えると $Bi(OH)_3$ が生成する．$Bi(OH)_3$ は過剰の NH_3 水溶液にも不溶である．

$Bi(OH)_3$ は $[Sn(OH)_4]^{2-}$ によって還元され，金属ビスマス Bi を生成する．このとき，白色沈殿の黒変が観察される．

$$2Bi(OH)_3 + 3[Sn(OH)_4]^{2-} \rightarrow 2Bi + 3[Sn(OH)_6]^{2-}$$

(4) チオ尿素

黄褐色溶液または沈殿が生成する．これは Bi^{3+} と $NH_2C(=S)NH_2$ が比 1:3 で錯体を形成した結果と考えられている．

$$\begin{array}{c} H_2N \\ H_2N \end{array}\!\!\!>\!C=S$$

チオ尿素

1.4 Ni^{2+}, Co^{2+}, Mn^{2+}, Zn^{2+} の基本反応 （第 IV 属カチオンの基本反応）

実験の概要

　第 IV 属カチオンである Ni^{2+}, Co^{2+}, Mn^{2+}, Zn^{2+} は，S^{2-} によって NH_3 アルカリ性水溶液から難溶性の硫化物となって沈殿する．この条件では第 V 属以降のカチオンは沈殿しないので，この違いを利用して第 IV 属カチオンを第 V 属以降のカチオンから分離できる．なお，第 I〜III 属カチオンは第 IV 属カチオンと同様に硫化物沈殿を生成するので，これらは前もって分離しておかなければならない．同じく硫化物の沈殿として分離する第 II 属カチオンの属分離条件との相違には，特に注意すべきである（p.56，実験 1.3）．

　熟成した Ni^{2+}, Co^{2+} の硫化物と Mn^{2+}, Zn^{2+} の硫化物には，冷 1 mol/L HCl 水溶液に対する溶解度に差があり，これを利用して Ni^{2+}, Co^{2+} を Mn^{2+}, Zn^{2+} から分離する．また，Zn^{2+} の水酸化物は過剰の NaOH 水溶液に溶解するのに対し，Mn^{2+} の水酸化物は溶解しない．さらに，Mn^{2+} は酸化されやすいが，Zn^{2+} は酸化されにくい．これらの性質の違いを Zn^{2+} と Mn^{2+} の分離に用いる．

　本実習では，まず Ni^{2+}, Co^{2+}, Mn^{2+}, Zn^{2+} の硫化物を沈殿させ（操作 1.4.1），次に，HCl 水溶液を用いて Ni^{2+}, Co^{2+} を Mn^{2+}, Zn^{2+} から分離する（操作 1.4.2）．Ni^{2+} と Co^{2+} は化学的性質が似ており，簡単な分離法がない．しかし，両者が共存していても濃度が高くなければ，選択的に一方と反応する確認試薬があるので，共存したまま各々を確認する（操作 1.4.3）．Mn^{2+} と Zn^{2+} を上で述べた性質の違いを利用して分離した（操作 1.4.4）後，各々の確認反応を行う（操作 1.4.4, 1.4.5）．参照：p.43，図 1.5．

実験操作

1.4.1　Ni^{2+}, Co^{2+}, Mn^{2+}, Zn^{2+} の硫化物沈殿生成

(1)　0.1 mol/L $Zn(NO_3)_2$ 水溶液 10 滴と，0.1 mol/L $Co(NO_3)_2$, 0.1 mol/L $MnCl_2$ および 0.1 mol/L $Ni(NO_3)_2$ 水溶液それぞれ 3 滴を 1 本の遠心管に取り，混合試料を作る．

(2)　この液に 6 mol/L NH_3 水溶液を pH 8 以上の弱アルカリ性になるまで加え，その後さらに 1 滴追加する（このとき沈殿が生じてもかまわない）．次に，13 ％チオアセトアミド水溶液を 10 滴加える．撹拌棒で内容物をよく撹拌し

た後，活性炭管をはめ，100 °C 近くで 7〜8 分間加熱する．加熱中に数回，遠心管を水浴から取り出して振り混ぜる．このとき活性炭管内に溶液が入らないように注意する．この加熱と振り混ぜによって，ほぼ透明の上澄み液と沈殿とに分かれる．次に，遠心管を水道流水中で十分に冷却した後，約 1 分間振り混ぜる．活性炭管をゴム栓に換えて遠心沈降し，沈殿 P1 から上澄み液 S1 を分け別の遠心管に移す．

　上澄み液 S1 に 13 %チオアセトアミド水溶液を 7 滴と 6 mol/L NH_3 水溶液を 1 滴追加してから，活性炭管をはめて 7〜8 分間加熱した後，水道流水中で十分冷却する．新たな沈殿の生成の有無にかかわらず，この反応液をすべて最初の沈殿 P1 と合わせ，活性炭管をゴム栓に換えて 10 分間放置する（放置時間を短縮してはならない）．この間に NiS と CoS の沈殿は熟成して，1 mol/L HCl 水溶液に不溶なものとなる．[16] 次に，遠心沈降で沈殿 P2 と上澄み液に分け，上澄み液は廃液容器に移す．洗浄するために，沈殿 P2 に蒸留水 1 mL，$(NH_4)_2S$ 水溶液 1 滴と 3 mol/L CH_3COONH_4 水溶液 2 滴を加える．[17] 撹拌棒で沈殿をよく分散させた後，100 °C 近くに加熱する．次に水道流水中で冷却し，再度遠心沈降する．上澄み液は廃液容器に移す．

1.4.2　Ni^{2+}，Co^{2+} と Mn^{2+}，Zn^{2+} の分離

(1) 蒸留水 5 mL に 6 mol/L HCl 水溶液 1 mL を加え，1 mol/L HCl 水溶液を作る．沈殿 P2 から Mn^{2+} と Zn^{2+} を次のように分離する．1 mol/L HCl 水溶液 1 mL を操作 1.4.1(2) で得た沈殿 P2 に加え，約 1 分間よく撹拌した後，遠心沈降で沈殿 P3 と上澄み液 S3 に分ける．沈殿 P3 に対してこの抽出操作をもう 1 回繰り返し，得られた上澄み液を S3 に合わせる．

(2) 上澄み液 S3 から 1 mL を取り，これを 6 mol/L NH_3 水溶液で中和した後，$(NH_4)_2S$ 水溶液を 1〜2 滴加える．黒い沈殿が生成しなければ，この反応液と残りの上澄み液 S3 を合わせて操作 1.4.4 に用いる．黒い沈殿が生成すれば，

---

[16] 生成直後の NiS や CoS の沈殿は結晶性が悪く，酸に溶解しやすい．これが熟成すると結晶性がよくなり，冷 1 mol/L HCl に不溶となる．
[17] 硫化物の空気酸化を防ぐため，Ni^{2+}，Co^{2+}，Mn^{2+}，Zn^{2+} の硫化物沈殿の洗浄には $(NH_4)_2S$ 水溶液を用いる．pH が低くなると H_2S ガスが揮散するので，緩衝作用を持つ 3 mol/L CH_3COONH_4 水溶液を加える．
[18] ZnS（白色），MnS（淡桃色），NiS（黒色），CoS（黒色）の色の違いに注意して，混入を判断する．どのような色合いならば再分離すべきか判断できない場合は担当者に相談すること．

1.4 Ni^{2+}, Co^{2+}, Mn^{2+}, Zn^{2+} の基本反応（第 IV 属カチオンの基本反応）

Ni^{2+}, Co^{2+} の分離が不完全であった証拠である．[18] その場合，黒い沈殿が生成した反応液と残りの上澄み液 S3 も加えたすべての溶液に対して，以下の操作で再分離する．6 mol/L NH_3 水溶液で中和した後，13 ％チオアセトアミド水溶液 7 滴と 6 mol/L NH_3 水溶液 1 滴を追加し，活性炭管をはめ再び 7～8 分間加熱する．加熱後，熟成のために 10 分間放置してから上澄み液を捨て，操作 1.4.2(1) で行った Mn^{2+}, Zn^{2+} の抽出操作を行う．このとき得られた沈殿 P4 を操作 1.4.2(1) の沈殿 P3 に合わせる．一方，上澄み液はろ過した後，カセロール[19]で約半量まで濃縮した後，遠心管に移す（濃縮液 S4）．

1.4.3 Ni^{2+} と Co^{2+} の確認

(1) 操作 1.4.2(1) で得た沈殿 P3 に 6 mol/L HCl 水溶液 3 滴と 6 mol/L HNO_3 水溶液 1 滴を加え，活性炭管をはめ加熱して沈殿を溶解させる．溶解しない浮遊物は，たとえ黒くとも主成分はイオウであるから無視してよい．溶液に 6 mol/L NH_3 水溶液を 1 滴ずつ注意深く加えて中和する（溶液 S5）．このときアルカリ性にしてはいけない．[20]

(2) 呈色反応皿の凹部に 1-プロパノール・KNCS 水溶液[21]を 2～3 滴取り，これに溶液 S5 を 1 滴加えて変化を観察する．青色を呈すれば，Co^{2+} の確認となる．

(3) 呈色反応皿の凹部に溶液 S5 を 1 滴取り，0.17 mol/L ジメチルグリオキシム（(ブタン-2,3-ジイリデン) ビス (ヒドロキシルアミン)）/エタノール溶液を 2～3 滴加えて変化を観察する．赤色沈殿が生じれば，Ni^{2+} の確認となる．変化がなければ，6 mol/L NH_3 水溶液を 1～2 滴追加して観察を続ける．

1.4.4 Mn^{2+} と Zn^{2+} の分離，Zn^{2+} の確認

(1) 操作 1.4.2(1) の上澄み液 S3 あるいは操作 1.4.2(2) の濃縮液 S4 に，3 mol/L NaOH 水溶液を 1 滴ずつ注意深く加えて中和する．さらに 1 滴加えて pH 8 程度（弱アルカリ性）にして，内容物の変化を観察する．次に，溶液全量と

---

[19] p.12，直火加熱を参照すること．
[20] アルカリ性になると，Co^{2+} の水酸化物沈殿やアンミン錯体が生成するため，操作 1.4.3(2) において青色の Co^{2+}-NCS 錯体が生成しない．また，操作 1.4.3(3) において 6 mol/L NH_3 水溶液を追加するまでもなく，ニッケル・ジメチルグリオキシム錯体の赤色沈殿が生成する．
[21] 1-プロパノールと 5 mol/L KNCS 水溶液の等量混合物

同量の 3 mol/L NaOH 水溶液を追加する．これに 3 ％ 過酸化水素 H_2O_2 水溶液を 1 滴加え，よく撹拌した後，内容物の変化を観察する．次に，沈殿の色や量に新たな変化が認められなくなるまで，3 ％ H_2O_2 水溶液の滴下と撹拌を繰り返す．その後，すべてをカセロールに移し，液量が約半分になるまで濃縮し，過剰の H_2O_2 を分解除去する．この操作中，保護メガネを必ず着用して，NaOH の細かな飛沫に特に注意すること．濃縮後の溶液を遠心管に移し，水道流水中で冷却する．遠心沈降で沈殿 P6 と上澄み液 S6 に分ける．上澄み液 S6 が無色透明であれば，それをそのまま次の操作 1.4.4(2) に用いる．褐色に濁っていればろ紙 (No.1, 55 mm) を用いてろ過し，そのろ液を用いる．

(2) 上澄み液 S6 を 6 mol/L CH_3COOH 水溶液で中和し，さらに 1 滴追加して pH 6 程度（わずかに酸性）とする．このとき pH 4 以下（酸性が強くなり過ぎ）にしてはいけない．また，液量が 2 mL を大きく超えていれば，カセロールで濃縮して 2 mL とする．溶液を 2 本の試験管に目分量で二等分する．一方には $(NH_4)_2S$ 水溶液，他方には 0.05 mol/L $K_4Fe(CN)_6$ 水溶液をそれぞれ 1 滴加え，よく撹拌した後，変化を観察する．このとき，ともに白色沈殿が生じれば Zn^{2+} の確認となる．[22] 白色沈殿が認めにくければ，よく撹拌した後，放置して観察を続ける．

1.4.5　Mn^{2+} の確認

(1) 操作 1.4.4(1) で得た沈殿 P6 を，6 mol/L HNO_3 水溶液 5 滴と 3 ％ H_2O_2 水溶液 1 滴を加えて溶解する．[23] 沈殿が残った場合 3 ％H_2O_2 水溶液をもう 1 滴加える．3 ％ H_2O_2 水溶液を加え過ぎると，後の分解除去に時間がかかるので注意深く滴下すること．この溶液をカセロールに入れ，蒸留水 2 mL を加えた後，液量が約半分になるまで加熱濃縮し，H_2O_2 を完全に分解除去する．

---

[22] $K_4Fe(CN)_6$ を加え過ぎるとその色に妨げられて沈殿の正しい色（白色）が見られない．また，操作 1.4.4(1) で H_2O_2 の分解が不十分であると，残存する H_2O_2 のため $K_4Fe(CN)_6$ が分解してベルリンブルーができ，緑色を示すことがある．また，Co^{2+} が少量混入していると緑色のヘキサシアニド鉄 (II) 酸コバルト（フェロシアン化コバルト） $Co_2Fe(CN)_6$ が生成する．
[23] ここで酸として HCl 水溶液を使用すると，次の操作 1.4.5(2) で $NaBiO_3$ が Cl^- を酸化して，Cl_2 ガスが発生するので不適当である．

1.4 Ni^{2+}, Co^{2+}, Mn^{2+}, Zn^{2+} の基本反応（第IV属カチオンの基本反応）

濃縮した溶液を遠心管に移し，水道流水中で冷却する．[24]

(2) これに 6 mol/L HNO_3 水溶液を 1 mL 加える．次に，スパチュラのくぼみ一杯のビスマス酸ナトリウム（三酸化ナトリウムビスマス）$NaBiO_3$ の粉末を加え，よく撹拌した後，内容物の変化を観察する．このとき溶液が赤紫色に呈色すれば Mn^{2+} の確認となる．液が濁っていると色を正しく観察できないので，しばらく静置するか遠心沈降する．[25] 上澄み液に色の変化がない場合には $NaBiO_3$ を少量ずつ追加し，そのつど撹拌する．この操作を少量の $NaBiO_3$ が不溶のまま残るまで繰り返す．[26] $NaBiO_3$ の粉末を加えたとき，細かい泡が激しく発生して白く見えることがある．これは H_2O_2 の分解除去が不完全であった証拠であり，この場合，H_2O_2 が $NaBiO_3$ を消費するので，$NaBiO_3$ を追加する．[27]

◇◇◇◇◇◇◇◇◇◇◇◇◇◇◇◇◇◇◇◇◇◇◇◇◇

[Zn^{2+} の定性反応]

(1) **NaOH 水溶液**

白色でかさ高い水酸化亜鉛 $Zn(OH)_2$ の沈殿を生じる．

$$Zn^{2+} + 2OH^- \rightarrow Zn(OH)_2 \downarrow$$

過剰の NaOH 水溶液によって亜鉛酸イオン $[Zn(OH)_4]^{2-}$ が生成し，再溶解する．

$$Zn(OH)_2 + 2OH^- \rightarrow [Zn(OH)_4]^{2-}$$

すなわち $Zn(OH)_2$ は両性水酸化物である．OH^- の濃度が低いときは，煮沸すると $[Zn(OH)_4]^{2-}$ が $Zn(OH)_2$ に戻る．

---

[24] 操作 1.4.5(2) で Mn^{2+} を MnO_4^- に酸化する際，MnO_2 を生成する副反応を防ぐため，溶液を冷却する．

[25] $NaBiO_3$ を加えた上澄み液が透明ではなく，くすんだ色になるのは，生じた MnO_2 や未反応の $NaBiO_3$ のためである．

[26] $NaBiO_3$ の量が少ないと，Mn^{2+} の一部が酸化されずに残り，下の反応により MnO_4^- を還元する．
$$3Mn^{2+} + 2MnO_4^- + 2H_2O \rightarrow 5MnO_2 + 4H^+$$

[27] このとき H^+ も消費され，MnO_4^- の生成に必要な 4 mol/L 以上の酸濃度を保つことができなくなる．その結果，液の pH が高くなり，ビスマスの塩基性塩や水酸化物が生成し，液が白濁することがある．このような場合 6 mol/L HNO_3 水溶液を追加する．

(2) NH_3 水溶液

NaOH 水溶液の場合と同じく，$Zn(OH)_2$ が沈殿する．

$$Zn^{2+} + 2OH^- \rightarrow Zn(OH)_2 \downarrow$$

過剰の NH_3 水溶液によって，無色のテトラアンミン亜鉛(II)イオン $[Zn(NH_3)_4]^{2+}$ が生成して再溶解する．

$$Zn(OH)_2 + 4NH_3 \rightarrow [Zn(NH_3)_4]^{2+} + 2OH^-$$

(3) H_2S あるいは $(NH_4)_2S$ 水溶液

白色の硫化亜鉛 ZnS が生成する．

$$Zn^{2+} + S^{2-} \rightarrow ZnS \downarrow$$

ZnS は冷 1 mol/L HCl 水溶液に容易に溶解する．

$$ZnS + 2H^+ \rightarrow Zn^{2+} + H_2S \uparrow$$

(4) $K_4Fe(CN)_6$ 水溶液

白色のヘキサシアニド鉄(II)酸亜鉛（フェロシアン化亜鉛）$Zn_2[Fe(CN)_6]$ が沈殿する．

$$2Zn^{2+} + [Fe(CN)_6]^{4-} \rightarrow Zn_2[Fe(CN)_6] \downarrow$$

さらに過剰の $K_4Fe(CN)_6$ 水溶液を加えると，これはヘキサシアニド鉄(II)酸亜鉛カリウム（フェロシアン化亜鉛カリウム）$K_2Zn_3[Fe(CN)_6]_2$ に変化する．

$$3Zn_2[Fe(CN)_6] + K_4Fe(CN)_6 \rightarrow 2K_2Zn_3[Fe(CN)_6]_2 \downarrow$$

$Zn_2[Fe(CN)_6]$ と $K_2Zn_3[Fe(CN)_6]_2$ は外見上区別できない．ただし，前者よりも後者のほうがより難溶性である．$K_4Fe(CN)_6$ 水溶液によって白沈を生じるイオンは数多くあり，これだけでは Zn^{2+} の確認とはならない．そこで，ZnS を生成する確認反応を併用する．

[Mn^{2+} の定性反応]

(1) NaOH 水溶液と H_2O_2 水溶液

1.4 Ni^{2+}, Co^{2+}, Mn^{2+}, Zn^{2+} の基本反応（第 IV 属カチオンの基本反応）　67

弱アルカリ性で白色の水酸化マンガン (II) $Mn(OH)_2$ が沈殿する．

$$Mn^{2+} + 2OH^- \rightarrow Mn(OH)_2 \downarrow$$

$Mn(OH)_2$ は不安定で，容易に空気酸化されて，褐色の $MnO(OH)$ になる．これは不溶性の酸化マンガン (III) Mn_2O_3 の水和物である．

$$4Mn(OH)_2 + O_2 \rightarrow 4MnO(OH) \downarrow + 2H_2O$$

アルカリ性で H_2O_2 水溶液を加えると，直ちに酸化マンガン (IV)（二酸化マンガン）MnO_2 に酸化され，黒色沈殿を生じる．この反応では H_2O_2 は酸化剤として働く．

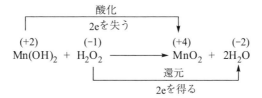

MnO_2 は希 HNO_3 水溶液には溶解しないが，HNO_3 と H_2O_2 の混合溶液には容易に溶解し Mn^{2+} になる．この反応では H_2O_2 は還元剤として働く．

```
              酸化
         ┌──────────────┐
         │   2eを失う    ↓
      (+4)   (-1)        (+2)   (0)
     MnO_2 + H_2O_2 + 2H^+ ──→ Mn^{2+} + O_2↑ + 2H_2O
         │   還元        ↑
         └──────────────┘
              2eを得る
```

(2) H_2S あるいは $(NH_4)_2S$ 水溶液

淡桃色の硫化マンガン MnS を生成する．

$$Mn^{2+} + S^{2-} \rightarrow MnS \downarrow$$

これは ZnS と同様に冷 $1mol/L$ HCl 水溶液に溶解する．

$$MnS + 2H^+ \rightarrow Mn^{2+} + H_2S \uparrow$$

(3) NH_3 水溶液

NaOH 水溶液の場合と同様に $Mn(OH)_2$ が沈殿し,さらに $Mn(OH)_2$ は空気酸化を受ける.

$$Mn^{2+} + 2OH^- \rightarrow Mn(OH)_2 \downarrow$$

$$4Mn(OH)_2 + O_2 \rightarrow 4MnO(OH) \downarrow + 2H_2O$$

ただし NH_4Cl が多量に存在すると $Mn(OH)_2$ は沈殿しない.また,過剰の NH_3 水溶液によってわずかにアンミン錯イオンを形成するが,これは不安定である.

(4) **NaBiO$_3$**

赤紫色の過マンガン酸イオン MnO_4^- が生成する.

$$\underset{(+2)}{2Mn^{2+}} + \underset{(+5)}{5BiO_3^-} + 14H^+ \xrightarrow{\text{酸化: }2\times7-2\times2=10e \text{ を失う}} \underset{(+7)}{2MnO_4^-} + 5Bi^{3+} + 7H_2O$$
$$\text{還元: }5\times5-5\times3=10e \text{ を得る}$$

この反応は 4 mol/L 以上の HNO_3 水溶液で円滑に進行する.Mn^{2+} の濃度が高く $NaBiO_3$ の量が少ないときは,一部残っている Mn^{2+} が次式のように還元剤として作用する.

$$\underset{(+2)}{3Mn^{2+}} + \underset{(+7)}{2MnO_4^-} + 2H_2O \xrightarrow{\text{酸化: }(5-2)\times4-3\times2=6e \text{ を失う}} \underset{(+4)}{5MnO_2} + 4H^+$$
$$\text{還元: }2\times7-(5-3)\times4=6e \text{ を得る}$$

MnO_4^- は酸性溶液中で H_2O_2 によって還元されて Mn^{2+} を生成する.

$$\underset{(+7)}{2MnO_4^-} + \underset{(-1)}{5H_2O_2} + 6H^+ \xrightarrow{\text{酸化: }10e \text{ を失う}} 2Mn^{2+} + \underset{(0)}{5O_2}\uparrow + 8H_2O$$
$$\text{還元: }2\times7-2\times2=10e \text{ を得る}$$

したがって，H_2O_2 は MnO_4^- の生成を妨害する．生成した Mn^{2+} の濃度が高いと反応液は淡紅色を呈するが，低いときはほとんど無色である．

[**Co^{2+} の定性反応**]

(1) **NaOH 水溶液**

冷時，$Co(NO_3)_2$ 水溶液に希 NaOH 水溶液を加えると青色の塩基性硝酸コバルト $Co(NO_3)(OH)$ が沈殿する．

$$Co^{2+} + NO_3^- + OH^- \rightarrow Co(NO_3)(OH) \downarrow$$

これは，時々振り混ぜて放置すると空気酸化を受けて，褐色の水酸化コバルト (III) $Co(OH)_3$ となる．希 NaOH 熱溶液または濃 NaOH 水溶液からは淡桃色の水酸化コバルト (II) $Co(OH)_2$ が生成する．

$$Co^{2+} + 2OH^- \rightarrow Co(OH)_2 \downarrow$$

$Co(OH)_2$ は振り混ぜてから放置すると，空気酸化を受けて褐色の $Co(OH)_3$ になる．

$$4Co(OH)_2 + O_2 + 2H_2O \rightarrow 4Co(OH)_3 \downarrow$$

(2) **NH_3 水溶液**

$Co(NO_3)_2$ 水溶液に NH_3 水溶液を加えると NaOH 水溶液の場合と同様に $Co(NO_3)(OH)$ が沈殿するが，振り混ぜながら加えると速やかに酸化されて $Co(OH)_3$ になる．

$$Co^{2+} + NO_3^- + OH^- \rightarrow Co(NO_3)(OH) \downarrow$$

過剰の NH_3 水溶液を加えるとヘキサアンミンコバルト (II) イオン $[Co(NH_3)_6]^{2+}$ が生成する．

$$Co^{2+} + 6NH_3 \rightarrow [Co(NH_3)_6]^{2+}$$

これは空気酸化を受けて $[Co(NH_3)_6]^{3+}$ となる．このとき反応液は暗黄色から黄色または黄褐色に変化する．

(3) **H_2S あるいは $(NH_4)_2S$ 水溶液**

黒色の硫化コバルト CoS が沈殿する．

$$Co^{2+} + S^{2-} \to CoS \downarrow$$

沈殿した直後は冷 1 mol/L HCl 水溶液に溶解するが，10 分以上放置すると不溶となる．この点は Zn^{2+} や Mn^{2+} と異なる．

CoS は王水と煮沸すると溶解する．この溶液を濃縮すると，過剰の HCl が存在する場合は青色の錯イオン $CoCl_3^-$ が生成する．さらに，濃縮・乾固して HCl をすべて除去すると赤色の $CoCl_2$ となる．このとき生じる王水に不溶の残留物はイオウである．

(4) 1-プロパノール・KNCS 水溶液

チオシアン酸コバルトイオン $[Co(NCS)_n]^{2-n}$ を生成して青色を呈する．

$$Co^{2+} + nNCS^- \to [Co(NCS)_n]^{2-n} \quad (n = 1, 2, \cdots, 6)$$

Co^{2+} と NCS^- が反応すると，NCS^- の濃度が低いときは $[Co(NCS)]^+$ が生成する．濃度が増すとともに配位する NCS^- の数も増して，$n = 6$ までの種々の錯イオンが生成する．このため，一般には各種の錯イオンが示す色の混合色が観察される．アセトンや 1-プロパノールなどの水溶性有機化合物を加えると，鮮やかな青色を呈する．[28] この呈色は Co^{2+} の確認に用いられ Ni^{2+} が共存しても妨害されない．ただし，Co^{2+} の濃度が高過ぎると青色は見られない．

[Ni^{2+} の定性反応]

(1) NaOH 水溶液あるいは NH_3 水溶液

$Ni(NO_3)_2$ 水溶液に，NaOH 水溶液を加えると最初淡緑色の塩基性硝酸ニッケル $Ni(NO_3)(OH)$ が沈殿し，NaOH 水溶液の量が増すと水酸化ニッケル $Ni(OH)_2$ を生成するが沈殿の色は変わらない．

$$Ni^{2+} + NO_3^- + OH^- \to Ni(NO_3)(OH) \downarrow$$

$$Ni(NO_3)(OH) + OH^- \to Ni(OH)_2 \downarrow + NO_3^-$$

---

[28] この呈色反応におけるアセトンや 1-プロパノールの役割は，水溶液で存在する水和イオン $[Co(H_2O)_6]^{2+}$ を分解し，$[Co(NCS)_n]^{2-n}$ の生成を助けることである．

1.4 Ni^{2+}, Co^{2+}, Mn^{2+}, Zn^{2+} の基本反応（第 IV 属カチオンの基本反応） 71

$Ni(OH)_2$ は NaOH 水溶液を過剰にしても不溶のままである．また空気酸化を受けず，この点で Mn^{2+} や Co^{2+} と異なる．
NH_3 水溶液を加えると $Ni(OH)_2$ が生ずる．ここまでは NaOH 水溶液の場合と同様であるが，過剰の NH_3 水溶液では青色の可溶性錯イオンであるヘキサアンミンニッケル (II) イオン $[Ni(NH_3)_6]^{2+}$ が生ずる．

$$Ni(OH)_2 + 6NH_3 \rightarrow [Ni(NH_3)_6]^{2+} + 2OH^-$$

$[Ni(NH_3)_6]^{2+}$ は空気酸化を受けず，この点で Co^{2+} と異なる．

(2) **H_2S あるいは $(NH_4)_2S$ 水溶液**

黒色の硫化ニッケル NiS が沈殿する．

$$Ni^{2+} + S^{2-} \rightarrow NiS\downarrow$$

NH_3 アルカリ性が強いと，特に $(NH_4)_2S$ を加えた場合，コロイド状になる傾向がある．
NiS の 1 mol/L HCl に対する溶解性，王水に対する反応性などは CoS と同様である．王水との反応の反応式を次に示す．

$$3NiS + 2NO_3^- + 8H^+ \rightarrow 3Ni^{2+} + 2NO\uparrow + 3S + 4H_2O$$

(3) **ジメチルグリオキシム・エタノール溶液**

NH_3 アルカリ性で，かさ高い赤桃色のビス(ジメチルグリオキシマト)ニッケル (II)（ニッケルジメチルグリオキシム）が沈殿する．

破線は水素結合を示す．

ジメチルグリオキシム（(ブタン-2,3-ジイリデン) ビス（ヒドロキシルアミン））は Ni^{2+} と選択的に反応し，上のキレート化合物を与える．Co^{2+} が共存する場合，$Co(OH)_3$ が生成して褐色を示すが，その呈色はわずかであり，上記の呈色をほとんど妨害しない．

1.5 数種類の金属カチオンを含む未知試料の分析

実験の概要

これまで,実験 1.1〜1.4 において,第 I〜IV 属の代表的なカチオンの基本反応と分離・確認方法を実習した.それらをもとに本実習では,第 I〜III 属カチオン (Ag^+, Pb^{2+}, Cu^{2+}, Bi^{3+}, Fe^{3+}, Al^{3+}) のうち数種類が含まれる未知試料を用いて,それらカチオンを分離・確認する.

本実習にあたっては,p.39〜42,図 1.1〜図 1.4 の分離確認系統図を参照して,それらの操作の意味をもう一度復習しよう.また,本実習では試料濃度が不明であるから,以下の実験操作に記された標準的な試薬量では,所期の結果が得られないことがある.そのような場合,試薬量を増減する必要がある.

注意:本実習では,発色や沈殿などの検出結果を担当者が確認することがあるので,後の実験操作に差し支えない限り,退出直前まで試料を保存しておくこと.

実験操作

1.5.1 第 I 属カチオン (Ag^+, Pb^{2+}) の分離(属分離)

未知試料溶液 1 mL を遠心管に取り,6 mol/L HCl 水溶液を 2 滴加えた後,時々振り混ぜながら 100 ℃ 近くで加熱する.静置して生じる上澄み部分に 6 mol/L HCl 水溶液を 1 滴加えて沈殿が生じたら,新たな沈殿が生じなくなるまで滴下を続ける.次に,水道流水中で冷却した後,遠心沈降を行い沈殿 P1 と上澄み液 S1 に分ける.沈殿 P1 は洗浄のため希塩酸(蒸留水 2 mL に 6 mol/L HCl 水溶液を 1 滴加えた溶液)を加え,撹拌棒で沈殿をよく分散させた後,遠心沈降して上澄み液を除去する.

1.5.2 Ag^+ と Pb^{2+} の分離(属内分離),確認

操作 1.5.1 で得た沈殿 P1 に対して,p.52〜53,操作 1.2.1(2)〜(3), 1.2.2(1), 1.2.3 を行う.

1.5.3 第 II 属カチオン (Cu^{2+}, Bi^{3+}) の分離(属分離)

操作 1.5.1 で得た上澄み液 S1 をカセロールで液量が約 1 mL になるまで加熱濃縮した後,遠心管へ移す.このとき,ごく少量の蒸留水でカセロールを洗い,その洗液も加える.これを 6 mol/L NH_3 水溶液で中和する.この溶液に対して,p.56,操

作 1.3.1 のタイトルから 3 行目以降の操作「蒸留水を加えて全量を 3 mL とした後，6 mol/L HCl 水溶液 3 滴…」を行う．この一連の操作で得られる沈殿を P2，上澄み液を S2 とする．

1.5.4　Cu^{2+} と Bi^{3+} の分離（属内分離），確認

操作 1.5.3 で得た沈殿 P2 を用い，p.57〜58，操作 1.3.2〜1.3.4 を行う．

1.5.5　Fe^{3+} と Al^{3+} の分離（第 III 属カチオン属内分離）

操作 1.5.3 で得た上澄み液 S2 をカセロールで煮沸する．液量がおよそ半分になったら，蒸留水を加えてもとの液量に戻し，再度煮沸する．[29] この一連の操作を 3 回繰り返した後，得られた溶液を試験管に移す．カセロールを少量の蒸留水で洗浄し，洗液も合わせて全体量を 3 mL にする．この溶液に 3 % H_2O_2 水溶液を 2 滴加え，[30] よく撹拌した後，3 mol/L NaOH 水溶液で中和する．さらに，この反応液の 1/3 の液量の 3 mol/L NaOH 水溶液を加え，よく撹拌する．ろ過により沈殿 P3 とろ液 S3 に分け，沈殿 P3 を熱蒸留水 2 mL で洗浄する．

1.5.6　Fe^{3+} の確認

操作 1.5.5 で得たろ紙上の沈殿 P3 に，できるだけ少量の 6 mol/L HCl 水溶液を加え溶解する．得られた溶液を呈色反応皿の凹部 2 箇所に 1 滴ずつ入れ p.47，操作 1.1.2(2) を行う．

1.5.7　Al^{3+} の確認

操作 1.5.5 で得たろ液 S3 を 6 mol/L HCl 水溶液で中和した後，さらに 6 mol/L HCl 水溶液を 5 滴加え，この溶液を用いて p.49，操作 1.1.4 を行う．[31] この際，6 mol/L NH_3 水溶液は 1 滴ずつ加えること．手順を省略すると誤検出の原因となり得る．

---

[29] この一連の操作によって，操作 1.5.3 で加えた過剰のチオアセトアミドを分解する．
[30] チオアセトアミド水溶液を煮沸することにより，溶液中の Fe^{3+} が還元されて Fe^{2+} が生成する．これを Fe^{3+} へ戻すため，H_2O_2 水溶液を加える．
[31] このとき，Fe^{3+} の分離が不十分であると，アルミノンと $Fe(OH)_3$ のレーキ（紫色）が生じることがある．

1.6 Ca^{2+}, Sr^{2+}, Mg^{2+} の基本反応
（第 V 属，第 VI 属カチオンの基本反応）

実験の概要

　Ca^{2+} と Sr^{2+} を含む第 V 属カチオンは，CO_3^{2-} によって難溶性の炭酸塩となって沈殿する一方，Mg^{2+} を含む第 VI 属カチオンは沈殿しない．この違いを利用して第 V 属カチオンと第 VI 属カチオンを分離する．この際，第 I～IV 属カチオンは第 V 属カチオンと同様に炭酸塩沈殿を生成するので，これらは前もって分離しておかなければならない．[32]

　また，Sr^{2+} は NH_3 を含む $(NH_4)_2SO_4$ 水溶液から硫酸塩として沈殿するが，同じ条件で Ca^{2+} は沈殿しない．この違いを Ca^{2+} と Sr^{2+} の分離に用いる．ただし，第 V 属はすべてアルカリ土類金属のイオンであり，化学的性質がよく似ているので，完全な属内分離は困難である．また，第 V 属と第 VI 属カチオンの確認反応に利用する化合物は無色あるいは白色であることが多く，液や沈殿の色で確認するのは困難である．

　本実習では，炭酸アンモニウム試薬を用いて第 V 属カチオンである Ca^{2+}，Sr^{2+} と第 VI 属カチオンである Mg^{2+} を分離した後，分離した Mg^{2+} の確認を行う（操作 1.6.1）．次に，Ca^{2+} と Sr^{2+} を分離（操作 1.6.2）した後，各々の確認を行う（操作 1.6.3）．さらに，操作 1.6.4 では第 V，VI 属カチオンの確認法の一つである炎色反応を行い，各元素特有の呈色を観察する．参照：p.44, 45, 図 1.6, 1.7．

実験操作

1.6.1　Ca^{2+}, Sr^{2+} と Mg^{2+} の分離，Mg^{2+} の確認

(1) 遠心管に 0.2 mol/L $Ca(NO_3)_2$ 水溶液，0.1 mol/L $Sr(NO_3)_2$ 水溶液，0.1 mol/L $Mg(NO_3)_2$ 水溶液を各 5 滴ずつ取る．次に，3 mol/L NH_4Cl 水溶液 3 滴，6 mol/L NH_3 水溶液 2 滴，蒸留水 1 mL を加えて混合し，100 ℃ 近くに加熱した後，熱いうちに 2.5 mol/L $(NH_4)_2CO_3$ 試薬[33] を 3 滴加えて，生

---

[32] 第 VI 属カチオンは第 I～V 属までのいずれの分属試薬によっても沈殿を生成しないが，Mg^{2+} だけは，NH_4Cl が共存しなければ，第 III, IV, V 属の属分離操作によって沈殿する．

[33] $(NH_4)_2CO_3$ 水溶液では CO_3^{2-} 濃度が低いので，これを高めるために NH_3 を共存させる．これを炭酸アンモニウム試薬と呼び，2.5 mol の $(NH_4)_2CO_3$ を 500～600 mL の 6 mol/L NH_3 水溶液に溶解し，さらに 6 mol/L NH_3 水溶液を加えて全量を 1000 mL としたものである．

1.6 Ca^{2+}, Sr^{2+}, Mg^{2+} の基本反応 (第V属, 第VI属カチオンの基本反応)

成物を遠心沈降する.[34] 上澄み液に 2.5 mol/L $(NH_4)_2CO_3$ 試薬を 1 滴加えて, 新たな沈殿が生成しなければ沈殿の完成の確認となる. 完成していなければ, さらに試薬を追加して沈殿を完成させる. 反応液を 5 分間放置してから遠心沈降し, 沈殿 P1 と上澄み S1 に分ける.[35] 沈殿 P1 を 2〜3 mL の熱蒸留水で洗浄する.

(2) 上澄み液 S1 に蒸留水 1 mL を加え, 2 本の試験管に目分量で二等分する. 1 本には 0.3 mol/L $(NH_4)_2HPO_4$ 水溶液 3 滴, 3 mol/L NH_4Cl 水溶液 2 滴, 6 mol/L NH_3 水溶液 5 滴を順次加え, 変化を観察する. このとき白色沈殿が生成すれば, Mg^{2+} の確認となる.[36] 他の 1 本には, 0.1% マグネソン試薬を 1 滴と 3 mol/L NaOH 水溶液を数滴加え, 変化を観察する. このとき青色のレーキが生成すれば, Mg^{2+} の確認となる.[37]

1.6.2 Ca^{2+} と Sr^{2+} の分離

操作 1.6.1(1) で得た沈殿 P1 に, できる限り少量の 6 mol/L CH_3COOH 水溶液を加えて, これを溶解する. このときの液性を調べ, 酸性であれば 6 mol/L NH_3 で中和する. これを 100 °C 近くに加熱して, 6 mol/L NH_3 水溶液 4 滴を加えた 1 mol/L $(NH_4)_2SO_4$ 水溶液 1 mL を直ちに加え, よく撹拌した後, 5 分間放置する. その後, 遠心沈降して沈殿 P2 と上澄み液 S2 に分ける. 沈殿 P2 は, 1 mol/L $(NH_4)_2SO_4$ を 1 滴加えた熱蒸留水 1 mL で洗浄する.

1.6.3 Ca^{2+} と Sr^{2+} の確認

(1) 操作 1.6.2 で得た上澄み液 S2 を遠心管に入れ, 100 °C 近くに加熱した後, 直ちに 0.3 mol/L シュウ酸アンモニウム $(NH_4)_2C_2O_4$ 水溶液 5 滴を加え, 撹

---

[34] 炭酸アンモニウム試薬を過剰に加えると, 第VI属の Mg^{2+} も炭酸塩として沈殿してしまう. 試薬の量を減らすと CO_3^{2-} 濃度は減少するが, OH^- 濃度はあまり変わらないので, Mg^{2+} は水酸化物として沈殿してしまう. これらを防ぐために, ここでは NH_4^+ を共存させている.
[35] Ca^{2+}, Sr^{2+} の炭酸塩は過飽和になりやすく沈殿しにくい. そのため, これらの沈殿の完成には, 加熱, 撹拌, 数分間の放置がとりわけ必要である.
[36] この沈殿は Mg^{2+} の濃度が低いと生成しにくいが, しばらく強く振り混ぜると生成する.
[37] $Mg(OH)_2$ のレーキはアルカリ性がかなり強くないと生成しない. 上澄み液の黄色はマグネソンの酸性での色である. レーキができた状態での上澄み液の赤紫色は, $Mg(OH)_2$ に吸着されなかったマグネソンのアルカリ性での色である. マグネソン試薬を加えすぎると, 試薬自身の色のためにレーキの色が判別しにくくなる. このようなときは, まずろ過する. ろ集したレーキを蒸留水で洗浄すれば, レーキの隙間やろ紙に含まれた過剰な色素を洗い落とせるので, レーキの青色が確認できる.

拌してからしばらく放置する．このとき白色沈殿が生じれば，Ca^{2+} の確認となる．

(2) 操作1.6.2で得た沈殿P2に 6 mol/L NH_3 水溶液4滴と 2.5 mol/L $(NH_4)_2CO_3$ 試薬 1 mL を加え，100 ℃ 近くで1分以上加熱する．[38] 遠心沈降により沈殿P3と上澄み液に分け，上澄み液は廃液容器へ移す．沈殿P3に 6 mol/L CH_3COOH 水溶液 7 滴を加え，加熱して溶解する．得られた溶液をカセロールに移し，ほぼ完全に蒸発乾固させた後，放冷する．蒸留水 1 mL を加えて内容物を溶解し，これを遠心管に移す．このとき液中に沈殿があれば，それは未反応の $SrSO_4$ であるから，遠心沈降（またはろ過）して除き，透明な上澄み液（またはろ液）を得る．これに $CaSO_4$ 飽和溶液を 6 滴加えて，1 分間 100 ℃ 近くに加熱した後，静置する．白沈がわずかでも生じれば，Sr^{2+} の確認となる．

1.6.4　アルカリ金属およびアルカリ土類金属元素の炎色反応

(1) 呈色反応皿の別々の凹部に，NaCl，KCl，LiCl，$CaCl_2$，$SrCl_2$，$BaCl_2$ の粉末をそれぞれスパチュラのくぼみで 1 杯ずつ取る．これらに蒸留水を各 1 滴加えて湿らせる．

(2) ガスバーナーを点火し，調節リングを開閉して青い内炎と無色に近い紫色の外炎になるようにする（参照：p.15, 図 0.17）．試験管に取った 6 mol/L HCl 水溶液（約 1 mL）に，白金線を浸けた後，炎に入れる．炎色が見えたら，それが消えるまで白金線を炎の中に入れておく．この一連の操作を，炎色が見えなくなるまで繰り返す（白金線の洗浄操作）．

図 1.10

(3) 湿らせた NaCl 試料を白金線の先に付け，炎の中に入れて炎色を観察する．

(4) 操作1.6.4(2) の白金線の洗浄操作を行った後，他の試料についても操作1.6.4(3) と同様の操作を行い，各元素の炎色反応を観察する．

---

[38] このとき CO_3^{2-} の濃度が低かったり，反応時間が短くて処理が不十分だったりすると，$SrSO_4$ の一部が未反応で残る．この操作で未反応の $SrSO_4$ は CH_3COOH 水溶液に不溶なため，操作 1.6.3(2) で Sr^{2+} 確認（この確認反応でも $SrSO_4$ が生じる）ができなくなる原因となる．

1.6　Ca^{2+}，Sr^{2+}，Mg^{2+} の基本反応　（第 V 属，第 VI 属カチオンの基本反応）

[Ca^{2+} の定性反応]

(1) $(NH_4)_2CO_3$ 試薬

炭酸カルシウム $CaCO_3$ の白色沈殿が生成する．

$$Ca^{2+} + CO_3^{2-} \rightarrow CaCO_3 \downarrow$$

試料溶液に $(NH_4)_2CO_3$ 試薬を加えてから加熱するよりも，加熱した試料溶液に $(NH_4)_2CO_3$ 試薬を加えるほうが沈殿を生成しやすい．

酸を加えると $CaCO_3$ は発泡しながら溶解する．

$$CaCO_3 + 2H^+ \rightarrow Ca^{2+} + H_2O + CO_2 \uparrow$$

(2) $(NH_4)_2SO_4$ 水溶液

NH_3 を含む $(NH_4)_2SO_4$ 水溶液と反応して，可溶性の複塩 $Ca(NH_4)_2(SO_4)_2$ が生成する．そのため，$CaSO_4$ は沈殿しない．

$$Ca^{2+} + 2NH_4^+ + 2SO_4^{2-} \rightarrow Ca(NH_4)_2(SO_4)_2$$

同じく SO_4^{2-} を含む H_2SO_4 水溶液は，Ca^{2+} 濃度が比較的高ければ，硫酸カルシウム $CaSO_4$ の白色沈殿を生成する．

$$Ca^{2+} + SO_4^{2-} \rightarrow CaSO_4 \downarrow$$

(3) $(NH_4)_2C_2O_4$ 水溶液

Ca^{2+} 濃度が相当低い場合でも，シュウ酸カルシウム CaC_2O_4 の白色沈殿が生成する．

$$Ca^{2+} + C_2O_4^{2-} \rightarrow CaC_2O_4 \downarrow \qquad \begin{array}{l}COOH\\|\\COOH\end{array} \quad \text{シュウ酸}$$

[Sr^{2+} の定性反応]

(1) $(NH_4)_2CO_3$ 試薬

炭酸ストロンチウム $SrCO_3$ の白色沈殿が生成する．

$$Sr^{2+} + CO_3^{2-} \rightarrow SrCO_3 \downarrow$$

酸を加えると，$CaCO_3$ と同様に $SrCO_3$ は発泡しながら溶解する．

$$SrCO_3 + 2H^+ \rightarrow Sr^{2+} + H_2O + CO_2 \uparrow$$

(2) $(NH_4)_2SO_4$ 水溶液

Ca^{2+} のような複塩は生成せず，硫酸ストロンチウム $SrSO_4$ の白色沈殿が生成する．

$$Sr^{2+} + SO_4^{2-} \to SrSO_4 \downarrow$$

(3) $(NH_4)_2C_2O_4$ 水溶液

シュウ酸ストロンチウム SrC_2O_4 の白色沈殿が生成する．

$$Sr^{2+} + C_2O_4^{2-} \to SrC_2O_4 \downarrow$$

(4) $CaSO_4$ 飽和水溶液

中性または弱酸性で $SrSO_4$ が沈殿する．これは，$SrSO_4$ の溶解度が $CaSO_4$ の溶解度よりも小さいためである．

$$Sr^{2+} + CaSO_4 \to SrSO_4 \downarrow + Ca^{2+}$$

しかし，$CaSO_4$ 飽和水溶液でも SO_4^{2-} 濃度は低いので反応は遅く，しかも生成する沈殿の量も少ない．

[Mg^{2+} の定性反応]

(1) NH_3 水溶液あるいは $NaOH$ 水溶液

水酸化マグネシウム $Mg(OH)_2$ の白色沈殿を生じる．

$$Mg^{2+} + 2OH^- \to Mg(OH)_2 \downarrow$$

ただし，NH_4Cl が共存する場合，OH^- 濃度が低下するため，$Mg(OH)_2$ の沈殿は生成しない．

$NaOH$ 水溶液の場合も，NH_3 水溶液と同様の反応が起こる．強塩基の $NaOH$ 水溶液では OH^- 濃度が高いため，弱塩基の NH_3 水溶液の場合より沈殿の生成が完全である．

(2) $(NH_4)_2HPO_4$ 水溶液

リン酸アンモニウムマグネシウム $MgNH_4PO_4$ の白色沈殿を生成する．

$$Mg^{2+} + HPO_4^{2-} + NH_4^+ + OH^- \to MgNH_4PO_4 \downarrow + H_2O$$

ただし，Mg^{2+} の希薄溶液からは過飽和状態になるために沈殿しにくいことがある．また，生成した $MgNH_4PO_4$ は分解して NH_3 と $MgHPO_4$ になりやすいので，NH_3 を過剰にしておかなければならない．

(3) マグネソン試薬

NH$_3$ 水溶液あるいは NaOH 水溶液を加えることよって生じた Mg(OH)$_2$ にマグネソンが吸着されて，青色のレーキが生成する．

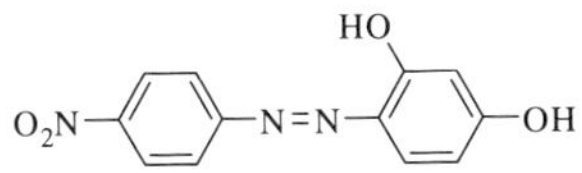

$$O_2N-\underset{}{\bigcirc}-N=N-\underset{HO}{\underset{|}{\bigcirc}}-OH$$

マグネソン

[炎色反応]

Ca^{2+}, Sr^{2+}, Ba^{2+}, Li$^+$, Na$^+$, K$^+$ などの塩化物は比較的揮発しやすく，無色の強い炎で強熱すると，表 1.3 に示したその元素特有の発色が見られる．これは炎色反応と呼ばれ，鋭敏な定性反応で元素の確認に用いられる（参照：p.150, 付録 B〔物質の色；B.2 原子の電子構造と炎色反応〕）．

表 1.3 炎色反応

元 素	Li, Sr	Ca	Na	Ba	Cu	K
炎 色	赤	橙赤	黄	緑	青緑	赤紫

1.7 アニオンの分離および確認

実験の概要

自然界には当然のことながら，カチオンだけでなく多くのアニオン（陰イオン）が存在する．カチオンと同様，これらアニオンの分析は非常に重要である．それにもかかわらず，アニオンに対しては，カチオンに対してこれまで実験 1.1〜1.6 で記載したような系統的分離・確認法は確立されていない．これは一般に，アニオンが互いに大きく異なる性質を有するため，特に分離を行わなくても，混合した状態で分析の目的を達せられることが多いためである．

しかしながら，アニオンに対しても金属カチオン同様，ある程度の系統分離・確認は可能である．本実習では，硫酸イオン SO_4^{2-}，炭酸イオン CO_3^{2-}，リン酸イオン PO_4^{3-} を含む溶液から，各アニオンの分離・確認を行う．

実験操作

(1) 遠心管に 2.5 mol/L $(NH_4)_2CO_3$ 水溶液[39] 1 滴，1 mol/L $(NH_4)_2SO_4$ 水溶液 2 滴，0.3 mol/L $(NH_4)_2HPO_4$ 水溶液 7 滴を取る．これに 0.1 mol/L $Ba(NO_3)_2$ 水溶液 4 mL を加え，よく撹拌しながら 100 ℃ 近くで約 3 分間加熱する．次に，0.1 mol/L $Ba(NO_3)_2$ 水溶液 1 滴を加える．沈殿が生じたら，新たな沈殿が生じなくなるまで $Ba(NO_3)_2$ 水溶液の滴下，撹拌，加熱を繰り返す．沈殿が生じなくなったら，遠心沈降により沈殿 P1 と上澄み液 S1 に分ける．沈殿 P1 は蒸留水 1 mL で洗浄して，上澄み液 S1 と洗液は廃液容器に移す．

(2) 沈殿 P1 に 6 mol/L HNO_3 水溶液 10 滴を加え，よく撹拌する．このとき激しく発泡すれば，CO_3^{2-} の確認となる．[40] 発泡が収まったら，遠心沈降により沈殿 P2 と上澄み液 S2 に分ける．沈殿 P2 は蒸留水 1 mL で洗浄し，洗液は上澄み液 S2 に合わせる．

(3) 沈殿 P2 に 3 mol/L NaOH 水溶液 10 滴を加え，よく撹拌しながら 100 ℃ 近くで加熱する．遠心沈降により沈殿 P3 と上澄み液 S3 に分ける．沈殿 P3 を蒸留水 1 mL で洗浄し，上澄み液 S3 と洗液は廃液容器に移す．沈殿 P3 に 6

---

[39] 2.5 mol/L $(NH_4)_2CO_2$ 試薬（NH_3 を含んでいる）を用いてもよい．
[40] 発生したガスが CO_2 であることは，湿らせた青色リトマス紙を遠心管の口に近づけ，これが赤変することで確認できる．

mol/L HCl 水溶液 10 滴を加え，よく撹拌しながら 100 ℃ 近くで加熱する．以上の NaOH 水溶液と HCl 水溶液による処理の両方において沈殿が不溶であれば，沈殿は $BaSO_4$ であり，SO_4^{2-} の確認となる．

(4) 操作 1.7(2) で得た上澄み液 S2 に 1 mol/L $(NH_4)_2SO_4$ 水溶液を 1 滴加える．遠心沈降した後，さらに 1 mol/L $(NH_4)_2SO_4$ 水溶液を 1 滴加え，新たに沈殿が生成するかどうかを観察する．沈殿が生じなくなるまで，1 mol/L $(NH_4)_2SO_4$ 水溶液の滴下を繰り返す．沈殿が完成したら遠心沈降で沈殿 P4 と上澄み液 S4 に分ける．沈殿 P4 は蒸留水 1 mL で洗浄し，洗液は S4 に合わせる．沈殿 P4 は廃液容器に移す．以上は，PO_4^{3-} 確認反応を妨害する溶液中の Ba^{2+} を除去する操作である．

(5) 上澄み液 S4 を 3 mol/L NaOH 水溶液で中和する．得られた溶液を 2 本の試験管に目分量で二等分する．1 本には，3 mol/L NH_4Cl 水溶液 2 滴と 6 mol/L NH_3 水溶液 5 滴を加え，さらに 0.1 mol/L $Mg(NO_3)_2$ 水溶液 1～2 滴を加えて，変化を観察する．このとき白色沈殿が生成すれば PO_4^{3-} の確認となる．他の 1 本には，3 mol/L NaOH 水溶液 1 滴と 0.1 mol/L $AgNO_3$ 水溶液を 1～2 滴加え，変化を観察する．このとき黄色沈殿が生成すれば，これも PO_4^{3-} の確認となる．

❀❀❀❀❀❀❀❀❀❀❀❀❀❀❀❀❀❀❀❀❀❀❀

[CO_3^{2-} の定性反応]
(1) $Ba(NO_3)_2$ 水溶液

アルカリ性で炭酸バリウム $BaCO_3$ の白色沈殿が生成する．

$$Ba^{2+} + CO_3^{2-} \rightarrow BaCO_3 \downarrow$$

酸を加えると $BaCO_3$ は二酸化炭素 CO_2 を発生しながら溶解する．

$$BaCO_3 + 2H^+ \rightarrow Ba^{2+} + H_2O + CO_2 \uparrow$$

[SO_4^{2-} の定性反応]
(1) $Ba(NO_3)_2$ 水溶液

硫酸バリウム $BaSO_4$ の白色沈殿が生成する．

$$Ba^{2+} + SO_4^{2-} \rightarrow BaSO_4 \downarrow$$

$BaSO_4$ は,酸,アルカリどちらにも溶解しない.

[PO_4^{3-} の定性反応]

(1) $Ba(NO_3)_2$ 水溶液

リン酸バリウム $Ba_3(PO_4)_2$ の白色沈殿を生成する.

$$3Ba^{2+} + 2PO_4^{3-} \rightarrow Ba_3(PO_4)_2 \downarrow$$

$Ba_3(PO_4)_2$ は酸に溶解するが,そのとき発泡は起こらない.

(2) $AgNO_3$ 水溶液

リン酸銀 Ag_3PO_4 の黄色沈殿を生成する.

$$3Ag^+ + PO_4^{3-} \rightarrow Ag_3PO_4 \downarrow$$

Ag_3PO_4 は酸に可溶である.

(3) $Mg(NO_3)_2$ 水溶液

NH_3 アルカリ性でリン酸アンモニウムマグネシウム $MgNH_4PO_4$ の白色沈殿を生成する(参照:p.78,Mg^{2+} の定性反応).

1.8 コバルト錯体の合成と分析

無機定性分析実験ではこれまで，各種金属イオンの確認法の一つとして，キレート錯体を含む各種金属錯体に誘導する手法，すなわち，種々の錯体の沈殿生成や発色を観察して当該イオンの存在を確認する実験を実習した．ここでは金属錯体の性質を調べることを目的として，コバルト (III) 錯体を取り上げ，その合成と分析を実習する．

1.8.1 ペンタアンミンクロリドコバルト (III) 塩化物 の合成

実験の概要

水溶液中では Co^{2+} イオンは $[Co(H_2O)_6]^{2+}$ というアクア錯体となっており，これに NH_4Cl と NH_3 を加えると，種々の割合で NH_3 と H_2O とが配位した錯イオン $[Co(NH_3)_m(H_2O)_n]^{2+}$ $(m+n=6)$ が生成する．その中で $m=5, n=1$ のものが最も酸化されやすく，空気中の酸素あるいは過酸化水素によって酸化されて，コバルト (III) 錯イオンを生成する．

$$[Co(H_2O)_6]^{2+} + 5NH_3 \xrightarrow[\text{(2) HCl 加熱}]{\text{(1) } H_2O_2} [CoCl(NH_3)_5]Cl_2$$

$$\xrightarrow[NH_3]{H_2O} [Co(NH_3)_5(H_2O)]^{3+} \xrightarrow[\text{加熱}]{HCl} [CoCl(NH_3)_5]Cl_2$$

実験操作

目盛り付き遠心管に共通試薬の 6 mol/L NH_3 水溶液に溶解した 2 mol/L NH_4Cl 1 mL を入れ，そこに 2 mol/L 塩化コバルト (II) $CoCl_2$ 水溶液 5 滴を加え，よくかき混ぜる．これに 3 % H_2O_2 水溶液 6 滴を 1 滴ずつ加え，よくかき混ぜる．[41] 泡が出なければ，出るまで 3 % H_2O_2 水溶液を追加する．反応液を 5 分間放置してから，100 °C 近くで 10 分間加熱する．このとき，激しく発泡して噴きこぼれそうになれば，水浴から取り出し，しばらく冷やした後，加熱を続ける．反応液を水道流水中で冷やしてから 6 mol/L HCl 水溶液 1 mL を加えた後，100 °C 近くで 5 分間加熱すると赤紫色の沈殿が完成する．次に，水道流水中で十分冷却した後，遠心沈

---

[41] アンモニア水溶液や過酸化水素水などの試薬が劣化している場合，反応が進行しないことがある．そのように考えられるときは速やかに担当者に報告し，試薬を交換すること．

降して上澄み液を除き，沈殿を蒸留水 1 mL で 2 回洗浄する．

　得られた沈殿（粗 [CoCl(NH$_3$)$_5$]Cl$_2$）を以下のようにして精製する．沈殿に 6 mol/L NH$_3$ 水溶液を 4 倍に薄めて調製した 1.5 mol/L NH$_3$ 水溶液 1 mL を加え，よくかき混ぜながら 100 ℃ 近くで加熱して溶解する．赤紫色沈殿が残るときは，6 mol/L NH$_3$ 水溶液 1 滴を加えて，よくかき混ぜながら加熱する操作を溶けきるまで続ける．反応液を水で冷却して黒色沈殿（酸化コバルト (III) Co$_2$O$_3$）があれば，遠心沈降して除く．得られた透明な溶液（ペンタアンミンアクアコバルト (III) 塩化物）に 6 mol/L HCl 水溶液を 1 滴ずつ加え，そのつどよくかき混ぜる．溶液の色が変わったら，リトマス紙で酸性であることを確かめる．このときペンタアンミンアクアコバルト (III) 塩化物が沈殿すれば，その色を記録する．沈殿の有無にかかわらず，6 mol/L HCl 水溶液 1 mL を加え，よくかき混ぜながら 100 ℃ 近くで 5 分間加熱する．水道流水中で冷却した後，生成した結晶を遠心沈降し，蒸留水 1 mL で 2 回洗浄する．得られた結晶の形状と色を記録する．

1.8.2　コバルト (III) 錯体の分析

実験の概要

　ペンタアンミンクロリドコバルト (III) 硝酸塩をアルカリ性で強熱すると分解して，酸化コバルト (III) Co$_2$O$_3$ とともにアンモニアと塩化物イオンを生成する．これらを次の試験によって分析し，コバルト (III) 錯体の性質を考察する．

$$[CoCl(NH_3)_5]Cl_2 \xrightarrow{\overset{COOK}{\underset{COOK}{|}}} [CoCl(NH_3)_5]C_2O_4 \xrightarrow{HNO_3}$$

$$[CoCl(NH_3)_5](NO_3)_2 \xrightarrow{KOH} Co_2O_3 + NH_3 + Cl^-$$

検出　a　NH$_3$　リトマス紙の青変
　　　b　Cl$^- \xrightarrow{Ag^+}$ AgCl　塩化銀の沈殿
　　　c　Co$_2$O$_3$ + 2I$^-$ + 6H$^+ \longrightarrow$ 2Co^{2+} + I$_2$ + 3H$_2$O　ヨウ素の色

a. 錯体分解時に NH$_3$ が発生することをリトマス紙の変化で確認する．
b. 硝酸銀水溶液による沈殿の生成によって，塩化物イオンの存在形態を試験する．
c. ヨウ化物イオン I$^-$ から I$_2$ への酸化反応に伴う色の変化を観察して，高次酸化物である Co$_2$O$_3$ を確認する．

実験操作

(1) 操作 1.8.1 で合成した[42][CoCl(NH$_3$)$_5$]Cl$_2$ に蒸留水 3 mL を加え，よくかき混ぜた後，遠心沈降して上澄み液を別の遠心管に取る．この一部（10 滴）を小試験管に取り，保管しておく（溶液①）．溶け残った沈殿に蒸留水 3 mL を再び加え，よくかき混ぜた後，遠心沈降して上澄み液を別の遠心管に取る．沈殿すべてが溶解するまでこの操作を繰り返して，毎回それぞれ別の遠心管に取る．遠心管中の水溶液それぞれに，飽和シュウ酸カリウム水溶液 10 滴を加え，よくかき混ぜる．沈殿したシュウ酸塩を遠心沈降によって 1 本の目盛り付き遠心管に集める．沈殿を蒸留水 1 mL で 2 回洗浄した後，蒸留水 3 mL と 6 mol/L HNO$_3$ 水溶液 1 mL を加えて，100 ℃ 近くで加熱して溶解する．6 mol/L HNO$_3$ 水溶液 1 mL を追加した後，水道流水中で冷却して生成した結晶を遠心沈降する．このとき結晶が析出しない場合は，その溶液を下に記載した溶液 S1 とみなし，そのまま分析に用いる．蒸留水 5 mL に 6 mol/L HNO$_3$ 水溶液 10 滴を加えた水溶液 10 滴で結晶を 2 回洗浄した後，蒸留水 3 mL に溶解する（結晶が残っていてもかまわない）．この溶液 S1 から 10 滴を小試験管に取り，6 mol/L HNO$_3$ 水溶液 1 滴を加えて保管しておく（溶液②）．残りをすべて 20 mL ビーカーに移す．[43]

(2) ビーカーに移した溶液に，3 mol/L 水酸化カリウム KOH 水溶液をリトマス紙がアルカリ性を示すまで加え，その後さらに 3 滴加える．赤色リトマス紙の小片を蒸留水で濡らして時計皿の凸面に貼り付け，それを下にしてビーカーを覆う（参照：p.13, 図 0.14）．反応液が飛散しないように穏やかに煮沸して，その間，リトマス紙の変化を観察する．その後，リトマス紙を取り除き，煮沸を 5 分間続ける．この間，時計皿をはずしたり蒸留水を追加したりして，反応液の最終量が目分量で 5 mL となるよう調節する．室温まで冷却後，遠心沈降で沈殿 P2（Co$_2$O$_3$）と上澄み液 S2 に分ける．次に，上澄み液 S2 が酸性になるまで 6 mol/L HNO$_3$ 水溶液を滴下する．この溶液が濁っていれば，透明になるまで 100 ℃ 近くで加熱する（溶液③）．

(3) 溶液①～③それぞれに 0.1 mol/L AgNO$_3$ 水溶液 1 滴を加えて変化を観察し，[44]

---

[42] ここから実験を開始する場合は，[CoCl(NH$_3$)$_5$]Cl$_2$ を 0.1 g 測りとる．
[43] ビーカーの代わりにカセロールで加熱濃縮することもできる．
[44] 反応液①と②の違いが見極めにくいときは，温水浴中で少し加熱するとよい．

その観察結果をもとに錯体の構造と反応との関連を考察する．

(4) 沈殿 P2 を蒸留水 1 mL で 2 回洗浄した後，6 mol/L HCl 水溶液 1 mL と 1 mol/L ヨウ化カリウム KI 水溶液 5 滴を加える．この混合物を 100 ℃ 近くで加熱して，反応液の色の変化（黄褐色〜褐色）を観察する．

(5) 上の反応溶液を Co_2O_3 の沈殿が付着した容器に移し，沈殿を溶解して廃液容器に移す．

第 2 章

容量分析実験

　容量分析では，定量しようとする物質が溶存している試料溶液に，その物質と反応する滴定液を加えて反応させる．この反応の**当量点**を，色調が変化する適当な指示薬を用いて決定し，加えた滴定液の量から試料中の物質の濃度を求める．この定量操作を**滴定**と呼ぶ．実験的に求めることができるのは滴定の**終点**（指示薬が変色する点）であり，これと当量点が一致する**指示薬**を用いる．

　滴定液の濃度は貯蔵中に変化することがあるので，使用直前に標準溶液（一次標準溶液）を用いて正確な濃度を求める．この操作を**標定**と呼ぶ．一次標準溶液で標定した滴定液を二次標準溶液と呼ぶ．

　容量分析に用いられる反応は，①副反応を伴わず定量的に (100 %) 進行し，②当量点を明確に定める方法があること，③反応速度が大きいことの条件を満足するものでなければならない．

　試料と滴定物質との反応が②，③の条件を満たしていない場合でも，試料溶液にその滴定液を過剰に加えて反応を完結させた後，残った滴定物質の濃度を，上の三つの条件を満たす他の滴定液を用いて滴定するという方法がある．この一連の操作は**逆滴定**と呼ばれ，この方法で試料中の定量すべき物質の濃度を求めることができる．

　上記の条件を満たす反応として，酸塩基反応，酸化還元反応，キレート生成反応，沈殿生成反応などがある．容量分析実験では，酸塩基（中和）滴定，酸化還元反応の一つであるヨードメトリー（ヨウ素滴定），およびキレート滴定を行う．

＜標準溶液＞

　標準試薬（一次標準物質）は以下の性質を持っている必要があり，この条件を満足する物質を用いて標準溶液を調製する．①高純度品が直接入手可能であるか，精製が容易であること．もし不純物 (0.01〜0.05 %) を含有している場合は，その含有量が正確にわかっていること．②滴定は水溶液で行うため，水に対して十分な溶解

度を有すること．③乾燥するときの温度において安定で，かつ，室温できわめて安定であること．④乾燥後の重量測定が容易であること．⑤分子量ができるだけ大きいこと．最後の条件⑤は，標準溶液を調製する際，測り取る標準物質の量が比較的多量となるので，秤量誤差を小さくできるためである．シュウ酸はこれらの条件を満足しており，酸塩基滴定の標準物質としてよく用いられる．

＜pH 指示薬＞

酸に塩基（あるいは塩基に酸）を滴下して，反応液の pH 変化を観測すると，その滴定曲線は用いる酸と塩基の強弱によって異なった形となる．中和滴定の当量点では pH 変化が急激で，その変化によって使用する指示薬が明瞭に変色しなければならない．

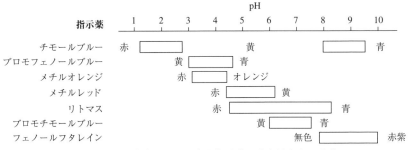

図 2.1　中和滴定に用いる主な指示薬の変色域と色の変化

代表的な pH 指示薬とそれらの変色域を上に示す．それらのうちメチルオレンジ（変色域 3.1～4.4）とフェノールフタレイン（変色域 7.8～10.0）を取り上げ，その使用法を説明する（参照：p.152，付録 B.4〔色素と蛍光〕）．

強塩基による強酸の滴定　強酸（0.1 mol/L HCl 水溶液）10 mL を強塩基（0.1 mol/L NaOH 水溶液）で滴定したときの滴定曲線を右に示す．当量点において pH は急激に上昇し，それはメチルオレンジおよびフェノールフタレインの変色域に一致している．したがって，どちらの指示薬も使用することができる（図 2.2）．

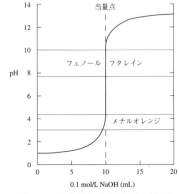

図 2.2　強塩基による強酸の滴定

強塩基による弱酸の滴定 弱酸（0.1 mol/L CH$_3$COOH 水溶液）10 mL を強塩基（0.1 mol/L NaOH 水溶液）で滴定したときの滴定曲線を右に示す．当量点において pH は急激に上昇するが，それはフェノールフタレインの変色域にだけ一致している．したがって，フェノールフタレインは使用できるが，メチルオレンジは使用できない（図 2.3）．

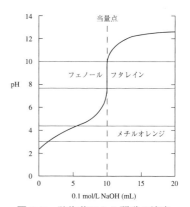

図 2.3 強塩基による弱酸の滴定

強酸による弱塩基の滴定 弱塩基（0.1 mol/L NH$_3$ 水溶液）10 mL を強酸（0.1 mol/L HCl 水溶液）で滴定したときの滴定曲線を右に示す．当量点において pH は急激に下降するが，それはメチルオレンジの変色域にだけ一致している．したがって，メチルオレンジは使用できるが，フェノールフタレインは使用できない（図 2.4）．

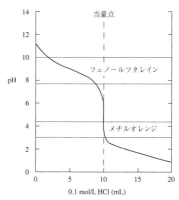

図 2.4 強酸による弱塩基の滴定

弱塩基による弱酸の滴定 弱酸（0.1 mol/L CH$_3$COOH 水溶液）10 mL を弱塩基（0.1 mol/L NH$_3$ 水溶液）で滴定したときの滴定曲線を右に示す．当量点における pH 変化はなだらかなので，どのような指示薬を利用しようが，この組み合わせ（弱酸・弱塩基）は滴定には適さない（図 2.5）．

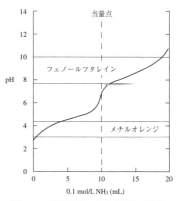

図 2.5 弱塩基による弱酸の滴定

以上説明したように，当量点の直前と直後で溶液の pH が大きく異なることと，その pH 変化で指示薬の色調が大きく変化することが必須の要件である．

2.1 酸塩基（中和）滴定 —定量実験の基礎—

実験の概要

　酸塩基反応は非常に速く，かつ定量的に進行する．本実習では，水酸化ナトリウム水溶液を用いて，塩酸の濃度を決定する．水酸化ナトリウムは吸湿性で，さらに，不純物をかなりの割合で含むため，これを秤量して正確な濃度の水溶液を調製することは困難である．また，調製した水溶液も空気中の二酸化炭素と反応するため，その濃度は日々変化する．したがって，標準溶液を用いて水酸化ナトリウム水溶液の濃度を正確に標定し，これを用いて塩酸水溶液の濃度を決定する．水酸化ナトリウム水溶液の標定にはシュウ酸標準溶液を用いる．

　精度の高い定量実験とはどのようにして実施するか，その基礎を学ぶことを本実習の目的とする．そのため，実験に先立ち，ホールピペットと安全ピペッター，ビュレット，容量フラスコ (p.5〜8) を参照してそれらの使用法を予習すると同時に，測定値の取り扱い (p.30)，付録 G〔測定値の解析と評価〕(p.175) を理解しておくこと．

実験操作
2.1.1 試料溶液，標準溶液および滴定液の準備

　試料溶液：ビーカー (100 mL) に共通試薬の約 1 mol/L HCl 水溶液を約 15 mL 取る．ここから 10 mL をホールピペットで容量フラスコ (100 mL) に取り，蒸留水で薄めて約 0.1 mol/L HCl 水溶液 100 mL を作る．

　標準溶液：ビーカー (100 mL) に共通試薬のシュウ酸標準溶液 (0.05000 mol/L) を約 70 mL 取る．

　滴定液：三角フラスコ (200 mL) に共通試薬の約 0.1 mol/L NaOH 水溶液を約 150 mL 取る．少量の NaOH 水溶液で共洗いを行った後に，NaOH 水溶液をビュレットに満たす．用いた漏斗はビュレットから必ず外しておくこと．次に，コック付近の空気を流し出してから目盛りを読む．このとき 0 mL に合わせる必要はない．

2.1.2 水酸化ナトリウム水溶液の標定

　シュウ酸標準溶液を 10 mL ホールピペットでビーカーに取る．フェノールフタレイン指示薬を数滴加え，滴定液（NaOH 水溶液）をビュレットから加える．反応液が淡紅色を呈し，数回かき混ぜても退色しない点を終点とする．この際，ビュレッ

トの最小目盛りの 1/10 (0.01 mL) まで値を読む．最低 5 回の滴定を行い，その平均値を求める．[1] シュウ酸と NaOH の当量関係から NaOH 水溶液の濃度を求める．滴定結果は付録 G(p.175) を参照し，標本標準偏差，変動係数とともに報告する．

$$\begin{matrix} \text{COOH} \\ | \\ \text{COOH} \end{matrix} + 2\,\text{NaOH} \longrightarrow \begin{matrix} \text{COONa} \\ | \\ \text{COONa} \end{matrix} + 2\,\text{H}_2\text{O}$$

フェノールフタレインの構造変化

酸性，無色 　　　　　　　　　アルカリ性，赤色

2.1.3 水酸化ナトリウム水溶液による塩酸の滴定

試料溶液（HCl 水溶液）を 10 mL ホールピペットでビーカーに取る．フェノールフタレイン指示薬を数滴加え，標定した NaOH 水溶液をビュレットで加える．反応液が淡紅色を呈し，数回かき混ぜても退色しない点を終点とする．5 回の平均を取り，この反応での HCl と NaOH の当量関係から HCl 水溶液の濃度を求める．この滴定結果についても標本標準偏差，変動係数とともに報告する．

$$\text{HCl} + \text{NaOH} \longrightarrow \text{NaCl} + \text{H}_2\text{O}$$

---

[1] 1 回目の滴定操作で適切な量を滴下することはなかなか難しい．1 回目の滴下量は参考値として扱い，2 回目以降の滴下量から平均値を求めるとよい．滴定値が大きくばらつくときは，そのまま平均を取ることはせず，原因を考えながら滴定を繰り返す．

2.2 キレート滴定 —水道水中の Ca^{2+} と Mg^{2+} の定量—

実験の概要

中心原子（または中心金属イオン）にいくつかの分子やイオン（これらを配位子と呼ぶ）が結合した集合体を錯体と呼ぶ．中心金属イオンと配位子間の結合は，配位子の非共有電子対を中心金属イオンに供与することによって生じ，この結合を配位結合と呼ぶ．配位子には，複数の配位原子を持ち，これが一つの中心金属イオンに同時に配位するものもあり，このような配位子は多座配位子と呼ばれる．多座配位子が金属イオンに配位してできた環状構造を持つ錯体をキレート錯体と呼ぶ（参照：p.162，付録 D〔金属錯体とキレート〕）．一般に，キレート錯体は単純な錯体に比べ安定性がはるかに大きいため，当量点付近で滴定曲線に急激な変化が見られ，終点の検出が明瞭になる．

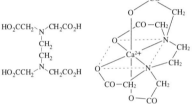

図 2.6 EDTA と EDTA-金属イオン錯体

2,2',2'',2'''-（エタン-1,2-ジイルジニトリロ）四酢酸（エチレンジアミン四酢酸，EDTA）は多くの金属イオンと水に溶けやすい安定なキレート錯体を作る．この場合，金属イオンのイオン価に無関係に 1 対 1 で反応するから当量関係は簡単である．図 2.6 に EDTA の構造と EDTA が作る金属イオン錯体の構造の一例を示す．

配位子として働く物質の中には金属イオンと錯形成することにより，色が変化する色素がある．キレート滴定ではこのような色素を指示薬として用いる．通常 EDTA の金属イオンとの錯形成力は，指示薬である配位子色素に比べ圧倒的に強い．キレート滴定では，この指示薬と EDTA を用いて水溶液中の金属イオン濃度を測定する．

試水に指示薬を入れると，指示薬と金属イオンの錯体が形成される．この溶液に一定濃度の EDTA を加えていくと，EDTA が金属イオンと錯形成し，指示薬が遊離する．遊離した指示薬の色は錯形成時の色と異なるため，反応溶液の色合いが変化する．溶液の色が遊離した指示薬の色に戻った点が滴定終点であり，それまでに

滴下した EDTA 溶液の量と濃度から試水中の金属イオン濃度を定量する．

EDTA (H_4Y で表す) には以下のように，4 段階の解離平衡が存在する．

$$H_4Y \rightleftharpoons H^+ + H_3Y^-$$

$$H_3Y^- \rightleftharpoons H^+ + H_2Y^{2-}$$

$$H_2Y^{2-} \rightleftharpoons H^+ + HY^{3-}$$

$$HY^{3-} \rightleftharpoons H^+ + Y^{4-}$$

この中で金属イオンとキレート錯体を形成するのは H^+ がすべて解離した Y^{4-} であり，金属イオンの EDTA キレート錯体生成の反応式は次のようになる．

$$M^{2+} + Y^{4-} \rightleftharpoons MY^{2-} \tag{2.1}$$

反応式 2.1 に対する生成定数 K_f は

$$K_f = \frac{[MY^{2-}]}{[M^{2+}][Y^{4-}]} \quad \begin{array}{l} Mn^{2+} : 1.10 \times 10^{14} \quad (mol/L)^{-1} \\ Ca^{2+} : 5.01 \times 10^{10} \\ Mg^{2+} : 4.90 \times 10^8 \end{array}$$

で表され，この値が大きいほどその平衡は右に片寄る．すなわち，錯形成しやすいことを意味する．溶液中に存在する Y^{4-} の濃度 $[Y^{4-}]$ は pH が高くなると大きくなり，それだけ錯形成しやすい．Ca^{2+} 錯体あるいは Mg^{2+} 錯体の生成定数は十分大きいものではないので，これら錯体を完全に生成するためには，溶液の pH が 10 以上であることが必要である．しかし，滴定液として用いる Na_2EDTA 溶液の pH は 4～5 であり，これを滴下していくと pH が低下し，Y^{4-} の濃度は滴下量に比例しては増加しない．このままでは，キレート生成反応が定量的には進行せず，イオンの濃度は定量できない．そこで，試料溶液に緩衝溶液[2] を加えて，溶液の pH 低下を最小限にする．

< Mg^{2+}，Ca^{2+} の定量 >

Mg^{2+} は BT 指示薬 (エリオクロムブラック T)[3] と反応して赤色のキレート錯体を作るが，この錯体は Mg^{2+} と EDTA とのキレート錯体よりもずっと解離しやす

---

[2] 弱酸とその共役塩基 (または弱塩基とその共役酸) の混合溶液は，酸または塩基を加えたときに起こる pH の変化を小さくする作用 (緩衝作用) を持つ．この作用を持つ溶液を緩衝溶液と呼ぶ．

[3] 2-hydroxy-1-(1-hydroxy-2-naphthylazo)-6-nitro-4-naphthalenesulfonic acid, sodium salt

BT指示薬 / NN指示薬

い（生成定数が小さい）．したがって，Mg^{2+} と BT 指示薬を含む溶液に pH 10 で EDTA 溶液を加えていくと，当量点で BT 指示薬が遊離する．この際，赤色から青色に変化するので当量点が求められる．

実験操作 2.2.2：pH 10

$$Mg^{2+}\text{-BT （赤）} + EDTA \rightarrow Mg^{2+}\text{-EDTA} + BT \text{（青）}$$

Ca^{2+} は NN 指示薬（カルコンカルボン酸）[4]と pH 12〜13 で赤紫色のキレート錯体を作るが，このキレート錯体は Ca^{2+} と EDTA とのキレート錯体よりもずっと解離しやすい．また，Mg^{2+} はこの pH 域では $Mg(OH)_2$ となり NN 指示薬と安定なキレート錯体を作らず，EDTA とも反応しない．その結果，この条件で NN 指示薬を用いると Ca^{2+} だけが定量できる．

実験操作 2.2.3：pH 13

$$Mg^{2+} + 2OH^- \rightarrow Mg(OH)_2$$
$$Ca^{2+}\text{-NN （赤紫）} + EDTA \rightarrow Ca^{2+}\text{-EDTA} + NN \text{（青）}$$

pH 10 において，Ca^{2+} と EDTA とのキレート錯体は Mg^{2+} と EDTA とのキレート錯体よりも生成しやすい．その結果，BT 指示薬を用いて Ca^{2+} と Mg^{2+} の混合溶液を EDTA で滴定すれば，まず Ca^{2+}-EDTA が生成する．次に，Mg^{2+}-BT が分解して Mg^{2+}-EDTA が生成する．この際，BT 指示薬が赤から青に変色するので，両者の和が求められる．

実験操作 2.2.4：pH 10

$$Mg^{2+}\text{-BT （赤）} + Ca^{2+} + EDTA \rightarrow Mg^{2+}\text{-EDTA} + Ca^{2+}\text{-EDTA} + BT \text{（青）}$$

本実習ではこれらの原理により，水道水中に含まれる Ca^{2+} と Mg^{2+} の濃度を算出する．しかし，水道水中の Mg^{2+} は低濃度であるため，水道水そのままを滴定し

---

[4] 2-hydroxy-1-(2-hydroxy-4-sulfo-1-naphthylazo)-3-naphthoic acid

ても有意な値が得られないことがある．そのような場合，一定量の Mg^{2+} 標準溶液を加え，それを含めた Mg^{2+} の総量の濃度を求め，その後，計算によって水道水中の Mg^{2+} の濃度を求める方法を実施する．

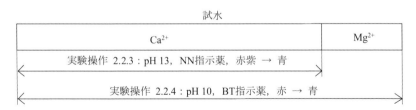

実験操作
2.2.1 標準溶液および滴定液の準備

標準溶液：ビーカー (100 mL) に共通試薬の塩化マグネシウム $MgCl_2$ 標準溶液 (0.01000 mol/L) を約 60 mL 取る．

滴定液：三角フラスコ (200 mL) に共通試薬の約 0.01 mol/L Na_2EDTA 水溶液を約 120 mL 取る．少量の Na_2EDTA 水溶液で共洗いを行った後に，Na_2EDTA 水溶液をビュレットに満たす．用いた漏斗はビュレットから必ず外し，コック付近の空気を流し出してから目盛りを読む．このとき 0 mL に合わせる必要はない．

2.2.2 マグネシウム標準溶液による Na_2EDTA 水溶液の標定

$MgCl_2$ 標準溶液を 10 mL ホールピペットで 100 mL ビーカーに取る．ホウ酸ナトリウム - 炭酸ナトリウム緩衝溶液[5] ($Na_2B_4O_7$-Na_2CO_3, pH 10) 約 2 mL (メートルグラスで測り取る) を加えた後，BT 指示薬を 1 滴ずつ試料溶液が淡赤色になるまで加える．[6] 固体指示薬の場合，スパチュラの小さなくぼみ 1 杯を加える．試料溶液をかき混ぜながら，ビュレットから滴定液 (Na_2EDTA 水溶液) を滴下する．最後の 1 滴で溶液の色が赤から青に変わった点を終点とする．[7] 大きくはずれた滴定値は除外して，滴定 5 回の平均値からその

---

[5] $Na_2B_4O_7 \cdot 10H_2O$ 39.3 g と Na_2CO_3 33.3 g を蒸留水 1 L に溶かした溶液．この緩衝溶液として NH_4Cl-NH_3 水溶液が一般に用いられるが，アンモニア臭を避けるため，上記溶液を用いる．炭酸塩の沈殿生成がこれの欠点であるが，EDTA 水溶液を加えていくと沈殿は次第に溶解するので問題はない．
[6] 指示薬が多過ぎたり少な過ぎたりすると，色の変化の判定が難しい．試料ごとに適量を判断すること．
[7] 終点 (最後の 1 滴で青に変わった点) を求めるには，まず終点と判断した点の値をいったん記録する．次に，1 滴追加して色の変化がなければ記録した値が終点である．もし変化すれば，この記録と追加の作業を慎重に繰り返して終点を求める．うまく滴定できた溶液は残しておいて，指示薬の変色の基準にすると便利である．色の変化が微妙で見極めが困難な場合は，担当者に相談すること．

濃度を計算する．滴定結果は付録 G(p.175) を参照し，標本標準偏差，変動係数とともに報告する．

2.2.3 水道水中のカルシウムイオンの定量

水道水を 2000 mL のポリ容器に 1500 mL 以上取り，よく振り混ぜ均一にする．これをメスシリンダーで 100 mL 測り取り，200 mL の三角フラスコに入れる．ここに，6 mol/L KOH 水溶液[8] 約 2 mL をメートルグラスで測り入れる．次に NN 指示薬を 1 滴ずつ試料溶液が淡い赤紫色になるまで加える．固体指示薬の場合，スパチュラの小さなくぼみ一杯を加える．これを標定した Na_2EDTA 水溶液で滴定する．最後の 1 滴で溶液の色が赤紫から青に変化した点を終点とする（参照：脚注7）．滴定 5 回の平均値からその濃度を計算する．この滴定結果についても標本標準偏差，変動係数とともに報告する．

2.2.4 水道水中のマグネシウムイオンの定量

操作 2.2.3 のポリ容器から水道水をメスシリンダーで 100 mL 測り取り，200 mL の三角フラスコに入れる．ここに操作 2.2.2 と同じように $Na_2B_4O_7$-Na_2CO_3 緩衝溶液を約 2 mL と適量の BT 指示薬を加える．これを標定した Na_2EDTA 水溶液で滴定する．最後の 1 滴で溶液の色が赤から青に変わった点が終点である．この滴定を 1 回行い，操作 2.2.3 で求めた滴定量の平均値との差が 1 mL 以上であれば，さらに 4 回行い，滴定合計 5 回の平均値からその濃度を計算する．この差が 1 mL 未満であるときは，滴定値の有効桁数を確保するために，次の操作によって定量する．上と同様に三角フラスコに水道水，緩衝溶液と BT 指示薬を入れ，さらに $MgCl_2$ 標準溶液 (0.01000 mol/L) を 10 mL ホールピペットで加える．この溶液を標定した Na_2EDTA 水溶液で滴定する．滴定 5 回の平均値からその濃度を計算する．この滴定結果についても標本標準偏差，変動係数とともに報告する．ここで滴下した EDTA の量は，水道水中に存在する Ca^{2+} と Mg^{2+} と後から加えた Mg^{2+} の総量に相当する．操作 2.2.2〜2.2.4 の滴定結果から，水道水中の Ca^{2+} と Mg^{2+} 量をそれぞれ算出する．

---

[8] この濃厚なアルカリ水溶液の取り扱いはとりわけ慎重に行い，その補充は担当者に申し出て行うこと．

2.3 ヨードメトリー —漂白剤中の NaClO の定量—

実験の概要

酸化剤の溶液に過剰のヨウ化物イオン I^- を加えると，存在する酸化剤と当量のヨウ素 I_2 が生成する．この I_2 は還元剤で滴定することができ，その結果は酸化剤を直接滴定したのと同じことになる．この手法はヨードメトリーと呼ばれ，滴定液にはチオ硫酸ナトリウム $Na_2S_2O_3$ を用いる．

本実習では精密電子天秤を使用して，固体試料を精秤し標準溶液を調製することを体験する．次に，ヨードメトリーによって家庭用漂白剤に含まれる次亜塩素酸ナトリウム NaClO を定量する．

ヨウ素酸カリウム KIO_3 とヨウ化カリウム KI との混合溶液に強酸を加えると，反応式 2.2 によって I_2 が生成する．このとき，I^- と H^+ が過剰にあれば IO_3^- に対応する量の I_2 が生成する．この I_2 を $Na_2S_2O_3$ 溶液で滴定する（反応式 2.3）．反応の終点近くでデンプン溶液を加えるとヨウ素-デンプン複合体の紫色が生じ，これが消えたところを終点とする．

$$IO_3^- + 6H^+ + 5I^- \rightarrow 3I_2 + 3H_2O \tag{2.2}$$

$$I_2 + 2S_2O_3^{2-} \rightarrow 2I^- + S_4O_6^{2-} \tag{2.3}$$

このように，KIO_3 の定量を I_2 の定量に置き換えて行う．$Na_2S_2O_3$ と KIO_3 の当量関係は式 2.4 で示される．

$$Na_2S_2O_3(濃度 \times 液量) = KIO_3(濃度 \times 液量) \times 6 \tag{2.4}$$

次亜塩素酸ナトリウムは塩素系漂白剤，殺菌剤の主成分であり，強力な酸化剤である．反応式 2.5 に従って，NaClO は H^+ の存在下 I^- を酸化して I_2 を生成する．[9] この I_2 を $Na_2S_2O_3$ で滴定することにより（反応式 2.6），NaClO を定量すること

---

[9] 塩素系漂白剤と酸性洗浄剤を混合すると，塩素ガスが発生し危険である．本実習においても，I^- イオンが存在しないと，発生した塩素 Cl_2 が還元されず，ビーカー内から揮散するおそれがあり危険である．必ず，KI を加えてから HCl を加えること．

ができる（式 2.7）．

$$ClO^- + 2I^- + 2H^+ \rightarrow I_2 + Cl^- + H_2O \tag{2.5}$$

$$I_2 + 2S_2O_3^{2-} \rightarrow 2I^- + S_4O_6^{2-} \tag{2.6}$$

$$Na_2S_2O_3（濃度 \times 液量）= NaClO（濃度 \times 液量）\times 2 \tag{2.7}$$

実験操作

2.3.1 デンプン液の調製

100 mL ビーカーにデンプン（机上試薬）を約 0.5 g（薬さじの小さじに山盛り 2 杯）取り、[10] 蒸留水約 5 mL とよくかき混ぜる．これを約 40 mL の十分加熱した蒸留水に少しずつ加え，よくかき混ぜて均一溶液とする．[11]

2.3.2 KIO$_3$ の精秤（精密電子天秤の使用）

KIO_3（式量 = 214.00）約 0.35〜0.40 g を，次のようにして正確に測り取る（参照：p.9，精密電子天秤）．

(1) 30 mL ビーカーを乾燥器から取り出す．[12] このとき，二つに折りたたんだ薬包紙でビーカーを巻き，ビーカーに指が直接触れないよう注意する．

(2) 取り出したビーカーを精密天秤の皿の中央部に静かに載せ，ガラス扉を閉める．

(3) しばらく待って精密天秤の表示が安定したら，風袋引きボタン（RE-ZERO, TARE もしくは T/O）を押して，ビーカーの重量をキャンセルして表示を 0.0000 g とする．

(4) デシケーターの中にある試薬瓶から，備え付けのプラスチック製薬さじで KIO_3 を 0.35〜0.40 g ビーカーに取り，ガラス扉を閉める．

(5) 精密天秤の表示が安定したら，0.1 mg 単位まで読み取る．

2.3.3 KIO$_3$ 標準溶液の調製

一定重量の標準物質を水に溶かし，容量フラスコを用いて一定の容量に希釈して標準溶液を作る．操作 2.3.2 で 30 mL ビーカーに測り取った KIO_3 に，蒸留水を 15〜20 mL 加える．撹拌棒で撹拌して完全に溶かし，この溶液を 100 mL 容量フラ

---

[10] 天秤を使用しなくても目分量で十分である．
[11] 溶けきらないときはガスバーナーで加熱して溶解する．
[12] 使用した 30 mL ビーカーは実験終了後，洗浄して乾燥器に戻す．

スコに移す．溶液が付着したビーカーに少量の蒸留水を加え，これも容量フラスコに加える．この操作を 3 回繰り返し，ビーカーと撹拌棒に付着した溶液を容量フラスコ内に完全に洗い込む．時々静かに振り混ぜながら蒸留水を標線の約 5 mm 下まで加えた後，標線までスポイトで 1 滴ずつ注意深く加える．栓をして手でしっかり押さえ，フラスコを倒立させ，また直立に戻す．この操作を約 10 回繰り返し均一溶液にする．ここで得られた KIO_3 標準溶液の濃度を，測り取った重量をもとに計算する．

2.3.4　ヨードメトリーによる $Na_2S_2O_3$ 水溶液の標定

共通試薬の約 1 mol/L HCl 水溶液をビーカー (100 mL) に約 25 mL 取り，以下の滴定のために準備しておく．

滴定液として三角フラスコ (200 mL) に共通試薬の約 0.1 mol/L $Na_2S_2O_3$ 水溶液を約 130 mL 取る．少量の $Na_2S_2O_3$ 水溶液で共洗いを行った後に，$Na_2S_2O_3$ 水溶液をビュレットに満たす．用いた漏斗はビュレットから必ず外しておくこと．次に，コック付近の空気を流し出してから目盛りを読む．このとき 0 mL に合わせる必要はない．

滴定は最低 5 回行う．100 mL ビーカーに KI 約 1 g を取り，[13] これを蒸留水約 10 mL に溶かす．この溶液に，先に調製した KIO_3 標準溶液を 10 mL ホールピペットで加える．次に，用意しておいた約 1 mol/L HCl 水溶液 2 mL をメートルグラスで測り取って加え，よくかき混ぜ 5 分以上放置する（5 個のビーカーの反応を並列して行うと時間の節約になるが放置する時間はなるべく同じにする）．ビュレットから約 0.1 mol/L $Na_2S_2O_3$ 水溶液を滴下し，よくかき混ぜる．溶液の色が淡黄色になるまで滴下した後，デンプン溶液をスポイトで数滴加える．さらに $Na_2S_2O_3$ 水溶液をかき混ぜながら注意深く滴下し，ヨウ素 - デンプン複合体の紫色が消えて透明になったところを終点とする．

ヨードメトリーの反応は酸塩基滴定の反応より遅い．したがって後者のときよりゆっくり滴下する．大きくはずれた滴定値は除外して，滴定 5 回の平均を取り，式 2.4 (p.97) から $Na_2S_2O_3$ 水溶液の濃度を求める．滴定結果は付録 G(p.175) を参照し，標本標準偏差，変動係数とともに報

---
[13] 薬包紙ではなくビーカーに測り取ること．濡れたビーカーの底は拭いておく．

告する．

2.3.5 漂白剤中の次亜塩素酸ナトリウム NaClO の定量

市販の液体漂白剤[14] を2～3回軽く振り混ぜ，ビーカーに約 20 mL 取る．ここからホールピペットで 10 mL 取り，100 mL の容量フラスコを用いて 10 倍に希釈する．別の 100 mL ビーカーに KI 約 1 g を秤量し，蒸留水約 10 mL で完全に溶かす．この KI 水溶液に，希釈した漂白剤水溶液 10 mL をホールピペットで加える．続いて，ここに約 1 mol/L HCl 水溶液 3 mL をメートルグラスで測り取って加え，よくかき混ぜて約 5 分間放置する．標定した約 0.1 mol/L $Na_2S_2O_3$ 水溶液で，上の反応液を滴定する．溶液の色が淡黄色になったところでデンプン溶液を数滴加える．その後，$Na_2S_2O_3$ 水溶液をかき混ぜながら注意深く滴下し，ヨウ素 - デンプン複合体の紫色が消えたところを終点とする．

ここで，最初に加えた HCl 水溶液が必要量を満たしていたかを確認するため，以下の操作を行う．[15] まず，滴定終了後の反応液に 1 mol/L HCl 水溶液を 1 mL 加え，ヨウ素 - デンプン複合体の呈色を確認する．呈色しなければ 3 mL が十分量であることを示すので，以後この量で滴定を続ける．呈色すれば不足していたことを示し，①$Na_2S_2O_3$ 水溶液による滴定，②HCl 水溶液 1 mL の追加と呈色の確認を行う．呈色がなくなるまで操作①，②を繰り返し，HCl 水溶液の必要量（最後の呈色までに加えた総量）を求め，これで以後の滴定を行う．滴定 5 回（各回とも HCl 水溶液を加えてから放置する時間を同じにする）の平均を取り，式 2.7 (p.98) から漂白剤に含まれる NaClO の濃度を，mol/L と g/L の単位で求める．また，この値からこの滴定に必要な KI の量を計算し，約 1 g が十分量であったことを確かめる．この滴定結果についても標本標準偏差，変動係数とともに報告する．

---

[14] 実験に用いる漂白剤には界面活性剤を含有しないものが適切である．含有するものでも定量は可能であるが，測り取りと希釈を静かに行わないと泡立ってしまう．また，反応液が不透明になって色の変化が見えにくい．

[15] 市販の漂白剤は一定量の NaOH と一定量以上の NaClO を含めて製造されるが，保存状態によって NaClO の量は変化するので HCl 水溶液の必要量を決めなければならない．

2.4 酸化反応速度 −擬一次反応速度定数の測定−

　反応速度とは，ある化学反応における単位時間あたりの反応基質の減少量，あるいは反応生成物の増加量と定義される．図 2.7 のように基質濃度 [A] の時間変化をグラフにすると，反応速度 v はその曲線の接線の傾きに対応する．これを微分形で表現すると，$v = -d[\text{A}]/dt$ となる．反応速度 v は一定ではなく時間 t とともに，そして基質濃度 [A] とともに変化することが図 2.7 からわかる．ここで v と [A] にどのような関係が成立しているかを考える．

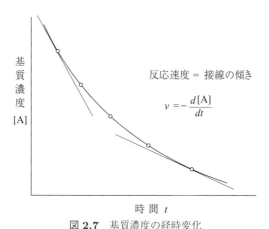

図 2.7　基質濃度の経時変化

　まず，基質 A と B が反応して生成物 C と D ができる反応を考えてみよう．

$$\text{A} + \text{B} \rightarrow \text{C} + \text{D} \tag{2.8}$$

　この反応が起こるには A と B の分子が衝突する必要があるが，この衝突の頻度は A の濃度 [A] と B の濃度 [B] の積に比例する．起こった衝突の中で一定の部分が反応へと進み，その衝突頻度は基質それぞれの濃度に比例するから，反応速度は両者の濃度の積に比例することになる．すなわち，v と [A]，[B] の間には式 2.9 の関係が成り立つ．このとき，[A] と [B] は反応の進行とともに，刻々と変化することに注意しよう．式 2.9 のように反応速度と濃度の関係を示す式を反応速度式（速度式）と呼び，比例定数 k_0 を速度定数と呼ぶ．[16] この場合，二つの化学種が関与する

---

[16] 一般的には k を用いるが次に述べる擬一次反応速度定数と区別するためにここでは便宜的に k_0 を用いる．

ので二次反応速度式と呼ばれる．

$$v = k_0[\text{A}][\text{B}] \tag{2.9}$$

反応式 2.8 のような二つの化学種が関与する反応の速度が，すべて式 2.9 のようにそれぞれの濃度の積と関係づけられるわけではない．たとえば，反応が何段階かで進行し，その中の一つのステップには A だけが関与して，それが反応全体を通しての速度とみなせる場合，反応速度は [A] だけに比例する．有機ハロゲン化物の $\text{S}_\text{N}1$ 反応がその例であり，このことについては有機化学の教科書を参照してもらいたい．また，A に比較して B を大過剰用いると，B が少々消費されても，反応中 [B] は変化しないと考えられる．このような条件下では反応速度は [A] だけで記述でき，この場合，見かけ上関与する化学種は一つなので，定数 $k(= k_0[\text{B}])$ を擬一次反応速度定数と呼ぶ．

$$\frac{-d[\text{A}]}{dt} = k[\text{A}] \tag{2.10}$$

実験の概要

本実習では上で述べた条件下で，反応式 2.11 で示す過硫酸カリウム（ペルオキシ二硫酸カリウム）$\text{K}_2\text{S}_2\text{O}_8$ による酸化反応の速度を測定し，擬一次反応速度定数 k を算出する．すなわち，$\text{K}_2\text{S}_2\text{O}_8$ に比較して KI を大過剰用いる．すると，$[\text{S}_2\text{O}_8^{2-}]$ が [A] であるから式 2.10 は式 2.12 と書き換えられる．

$$\text{S}_2\text{O}_8^{2-} + 2\text{I}^- \longrightarrow \text{I}_2 + 2\text{SO}_4^{2-} \tag{2.11}$$

$$-\frac{d[\text{S}_2\text{O}_8^{2-}]}{dt} = k[\text{S}_2\text{O}_8^{2-}] \tag{2.12}$$

反応式 2.11 の係数から明らかなように，基質 $\text{S}_2\text{O}_8^{2-}$ の減少量は生成する I_2 の増加量と等しい（式 2.13）．本実習では，反応の進行は生成する I_2 をヨードメトリーで定量して追跡する．

$$-\frac{d[\text{S}_2\text{O}_8^{2-}]}{dt} = \frac{d[\text{I}_2]}{dt} \tag{2.13}$$

基質 $\text{S}_2\text{O}_8^{2-}$ の初濃度を a とし，時刻 t において生成した I_2 の濃度を x とすれば，そのとき残存する $\text{S}_2\text{O}_8^{2-}$ の濃度は $(a-x)$ となる．したがって，式 2.12 は式 2.14

と書き改められる．次に，式 2.14 を式 2.15 と変形する．

$$-\frac{d(a-x)}{dt} = k(a-x) \tag{2.14}$$

$$\frac{d(a-x)}{(a-x)} = -kdt \tag{2.15}$$

式 2.15 を積分すると式 2.16 が得られる．[17] C は積分定数である．

$$\ln(a-x) = -kt + C \tag{2.16}$$

反応開始時 $t = 0$ において $x = 0$ であるから，$C = \ln a$ である．したがって，式 2.17 が得られる．

$$\ln(a-x) = \ln a - kt \tag{2.17}$$

a は十分時間が経過した後に生成した I_2 の濃度 x_∞ と一致し，それは別途求めることができる．$\ln a$ は定数であるから，$\ln(a-x)$ を t に対してプロットし，得られた直線の傾きから速度定数 k を求めることができる．実際には，濃度 x ではなくそれと比例関係にある測定値（滴定値）を用いて，式 2.17 を変形した式 2.18 (p.104) を使用して計算する．

実験操作

KI 5 g を 100 mL ビーカーに測り取る．蒸留水 50 mL を加え溶解し，この溶液を 200 mL 三角フラスコに移す．空になったビーカーに蒸留水 50 mL を入れ，内部を洗うようにして先の三角フラスコに液を移す．共通試薬の 1 ％ $K_2S_2O_8$ 水溶液 10 mL をホールピペットで別の三角フラスコに入れ，蒸留水 100 mL を加える．二つの三角フラスコを恒温水槽（30 ℃）に 15 分以上浸し，液温が一定になるまで待ち，恒温水槽の温度を記録する．これが反応温度となり，測定が終わるまで三角フラスコは恒温水槽に浸したままにする．

共通試薬の約 0.1 mol/L $Na_2S_2O_3$ 水溶液 5 mL をメートルグラスに測り取り，2000 mL ポリ容器に入れる．蒸留水 300 mL をメスシリンダーで測り取り，ポリ容器に加えて希釈し，この溶液を滴定液（約 0.002 mol/L）として用いる．また，デンプン液（参照：p.98，操作 2.3.1）を調製するとともに，蒸留水約 50 mL を入れた 100 mL ビーカー数個を滴定用に用意しておく．

---

[17] 本テキストでは，自然対数 $\log_e A$ を $\ln A$ と，常用対数 $\log_{10} A$ を $\log A$ と表記する．

KI 水溶液を $K_2S_2O_8$ 水溶液に手早く加え，その時刻を記録し，これを反応開始時刻とする．約 10 秒間混合溶液を手早く撹拌し，その後は撹拌の必要はない．反応開始から 2, 5, 8, 12, 16, 20, 25, 30, 35, 40, 50, 60 分後に試料を採取する．ただし，これらの時刻は目安であり少々ずれてもかまわないし，測定点が少々欠如してもかまわない．各時刻に 5 mL ホールピペットで反応溶液を取り，用意した蒸留水を入れたビーカーに直ちに加える．ピペットをそのつど洗う必要はない．ピペットの内容の約半量が流出した時刻を秒単位まで記録し，反応開始時からそれまでの時間を t とする．

希釈した反応溶液は先にデンプン溶液を加えた上でヨードメトリーの手順 (p.99 下から 7 行目以降段落終わりまで) に従って直ちに滴定し，その滴定値を V とする．[18]

また，上の操作とは別に反応開始 40 分後以降に，反応液を 3 本の試験管に 5 mL ずつ採取する．それぞれに薬包紙を用いて KI 1 g を加えよく振り混ぜ溶かし，恒温槽内で 15 分以上放置する．試験管内の反応液を 100 mL ビーカーに移す．蒸留水で洗いこみ，反応液は全てビーカーに移す．さらに蒸留水を加え，全量を約 50 mL とし滴定する．3 回の滴定値の平均を V_∞，すなわち $S_2O_8^{2-}$ が完全に消費されたときの滴定値とする．

速度定数の計算

この計算のためにグラフを作成するが，それにはグラフ用紙を使用すること．

滴定値 V は I_2 の濃度に比例する．すなわち $V = cx$ (c は定数) であるから，式 2.17 は式 2.18 に変形できる．このことは滴定値を濃度に変換する作業が必要ないことを示している．また，滴定液の濃度はおよそでしか定まっていなかったが，それで十分であることにも一致する．

$$\ln(V_\infty - V) = -kt + \text{定数} \tag{2.18}$$

$$\log(V_\infty - V) = -kt/2.303 + \text{定数} \tag{2.19}$$

速度定数 k を求めるために，式 2.18 で記述される t, V, $V_\infty - V$, $\ln(V_\infty - V)$ の一覧表 (表 2.1) を作成する．このとき，関数電卓などが利用できなければ $\ln(V_\infty - V)$ の代わりに，常用対数表 (裏表紙の内側の見返しを参照) を用いて $\log(V_\infty - V)$ を算出し，式 2.19 を用いて計算する．

ここで $V_\infty - V$ と $\ln(V_\infty - V)$ の有効桁数が t の増加とともに小さくなることに注意しよう．すなわち，滴定値に誤差があると，後になるほど $\ln(V_\infty - V)$ の値のふ

---

[18] 希釈することで反応は遅くなるが止まるわけではない．

2.4 酸化反応速度 －擬一次反応速度定数の測定－

表 2.1.1 $S_2O_8^{2-}$ が完全に消費されたときの滴定値

	V_∞ (mL)
1回目	3.72
2回目	3.75
3回目	3.78
平均値	3.75

表 2.1.2 滴定値のまとめ

t (min, sec)	t (min)	V (mL)	$V_\infty - V$ (mL)	$\ln(V_\infty - V)$	
2'46"	2.77	0.38	3.37	1.215	
5'03"	5.05	0.55	3.20	1.163	$V_\infty - V$：有効数字3桁
7'53"	7.88	1.37	2.38	0.867	
13'28"	13.47	1.78	1.97	0.678	$\ln(V_\infty - V)$：値のふれ小さい
16'42"	16.70	2.30	1.45	0.372	
20'18"	20.30	2.32	1.43	0.358	
25'18"	25.30	2.76	0.99	−0.010	
30'19"	30.32	2.85	0.90	−0.11	
35'40"	35.67	3.11	0.64	−0.45	$V_\infty - V$：有効数字2桁
41'06"	41.10	3.22	0.53	−0.63	
49'27"	49.45	3.44	0.31	−1.17	$\ln(V_\infty - V)$：値のふれ大きい
59'52"	59.87	3.61	0.14	−1.94	

れが大きくなる．たとえば滴定誤差を ± 0.01 mL とすれば，最初の滴定値 0.38 の真の値は 0.37〜0.39 の間にあり，最後の滴定値 3.61 の真の値は 3.60〜3.62 の間にあることになり差はない．しかし，これらの値と $V_\infty = 3.75$ を用いて $\ln(V_\infty - V)$ を計算すると，その値は最初では 1.21〜1.22 の間に納まる一方，最後では -1.90〜-2.04 と大きな幅を持つことになる．

　グラフ用紙を用いて $\ln(V_\infty - V)$ を t に対してプロットして，それらを通る直線を引く（図 2.8）．このとき，先に述べた理由から前半の測定点を重視する．すなわち，機械的にあるいは単純な最小二乗法ソフトを用いて，すべての点を計算に入れた直線を引いてはいけない．得られた直線の傾きから k (min^{-1}) を求め，反応温度とともに報告する（参照；p.177, 付録 H〔最小二乗法による線形回帰〕）．

　グラフ用紙にプロットして直線の傾きを求めるとき，以下の点に注意すると計算誤差は小さくなる．

- 大きなグラフを作る．
- 縦軸と横軸の目盛りを調節して，傾きがなるべく 45° に近いグラフを作る．
- 直線上のなるべく遠く離れた 2 点の値を読み取り，それらの値から傾きを計算する（この 2 点は実測点でなくてもよい）．

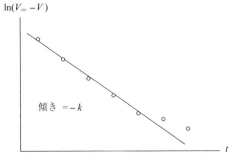

図 2.8　反応時間に対する $\ln(V_\infty - V)$ のプロット

ここで必要なのは傾きだけであることに注意しよう．直線全体が上下あるいは左右にシフトしても，計算される擬一次反応速度定数には影響を及ぼさない．このことを考慮に入れて，何を正確に測定しなければならないか，何はそれほどでもないか考えてみよう．

＜活性化エネルギー＞

化学反応が進行するためには，原系と生成系の途中にあるエネルギーの山を越えなければならない（図 2.9）．この山の高さは原系と遷移状態とのエネルギー差に相当し，活性化エネルギー E_a と呼ばれる．活性化エネルギーの大小は，反応の起こりやすさの目安となり，反応次数とともに反応機構を解明する上で，重要な情報である．1889 年，アレニウス (Arrhenius) は，反応速度定数と活性化エネルギーを関係づけるアレニウス式 2.20 を導いた．

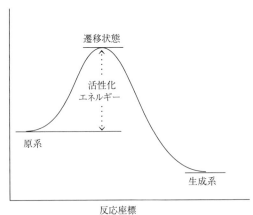

図 2.9　活性化エネルギー

2.4 酸化反応速度 －擬一次反応速度定数の測定－

$$k_0 = Ae^{-\frac{E_a}{RT}} \tag{2.20}$$

$$\ln k_0 = \ln A - \frac{E_a}{RT} \tag{2.21}$$

k_0 : 反応速度定数,

A : 頻度因子,

E_a : 活性化エネルギー,

R : 気体定数,

T : 反応の絶対温度

式 2.20 の両辺を対数に変換すると式 2.21 に変形される．反応温度を変えて，各温度で反応速度定数 k_0 を測定し，その対数 ($\ln k_0$) を絶対温度の逆数 ($1/T$) に対してプロットすると，図 2.10 のように直線になる．これはアレニウスプロットと呼ばれ，この直線の傾き $(-E_a/R)$ から反応の活性化エネルギーを計算することができる．

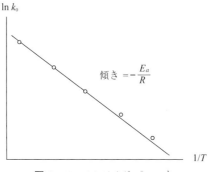

図 2.10　アレニウスプロット

反応の起こりやすさを活性化エネルギー E_a と頻度因子 A に分離できたことは，反応機構を検討する上できわめて重要である．現在では，これらの値を物理化学で定義されるより詳細な変化量に変換して，反応機構が議論される．

2.5 活性炭によるシュウ酸の吸着

　吸着とは，固相－液相，固相－気相，液相－気相などの異なる二つの相において，一方の相に存在する物質が，別の相に濃縮される現象をいう．物質を吸着するものは吸着剤と呼ばれ，活性炭はその代表例である．活性炭は，石炭やヤシ殻などの様々な有機物を必要に応じて成形・粉砕した後，炭化させ，次いで水蒸気賦活法や薬品賦活法によって微細な孔をあけて製造される．活性炭の大部分は炭素で構成され，表面の化学的性質は基本的には疎水的である．また，その比表面積が重さ 1 g 当たり 500 m^2 以上，つまりテニスコートの約 2 面以上の広さに及び，大きな吸着力を持つことから，様々な用途に使用されている．たとえば，気体や蒸気を通過させることによって，溶剤の回収，ガスの精製，脱臭剤に，あるいは液体と混合して，溶液の精製，脱色に，また環境分野では，上下水処理，大気や土壌に含まれる汚染物質の除去に利用されている．

実験の概要

　温度が一定のとき，吸着剤への吸着量は気体の場合には圧力に，溶液の場合には溶質の濃度に依存する．これらの相関関係を記述する吸着等温式には，理論式および経験式が数多く提案されている．

　本実習では，理論式の代表であるラングミュア式を用い，シュウ酸の活性炭への吸着を解析し，吸着現象の量論を理解することを目的とする．

　はじめに，溶質と吸着剤の間で起こる吸着と脱着は以下の仕組みで起こっているとする．

$$M + S \xrightleftharpoons{\text{吸着平衡定数 } a} M\text{-}S \tag{2.22}$$

M：空の吸着サイト

S：溶質

M–S：吸着サイトに吸着された溶質

(1) 溶質は，吸着剤の固体表面全体に吸着されるのではなく，吸着サイトと呼ばれる特定の場所に吸着される．

(2) 固体表面に点在する吸着サイトの能力は，すべて同じである．

(3) 溶質同士には引力や反発力などの相互作用は働かず，一つの吸着サイトに一つの溶質分子が吸着される．

このとき，溶質の吸着剤への吸着速度 v_a はすべての吸着サイトに対する空のサイトの割合 θ_0 と溶質の濃度 C の積に比例する．すなわち，吸着速度定数を k_a とすれば，式 2.23 が成立する．

$$v_a = k_a \theta_0 C \tag{2.23}$$

また，脱着速度 v_d は，溶質が吸着した吸着サイトの割合 θ に比例するので，脱着速度定数を k_d とすると，式 2.24 が得られる．

$$v_d = k_d \theta \tag{2.24}$$

吸着が平衡状態にあるときは，$v_a = v_d$ であるので，式 2.23 と 2.24 から，吸着平衡定数 $a = k_a/k_d$ は式 2.25 で与えられる．

$$a = \frac{k_a}{k_d} = \frac{\theta}{\theta_0 C} \tag{2.25}$$

さらに，$\theta + \theta_0 = 1$ であるから，式 2.25 は式 2.26 に変換される．

$$a = \frac{\theta}{(1-\theta)C} \tag{2.26}$$

ここで，平衡に達したときの吸着量を W，飽和吸着量を W_s とすると，$\theta = W/W_s$ であるから式 2.26 から式 2.27 が得られる．

$$a = \frac{W}{(W_s - W)C} \tag{2.27}$$

式 2.27 を変形すると，液相吸着におけるラングミュア式（式 2.28）が得られる．

$$W = \frac{aW_s C}{1 + aC} \tag{2.28}$$

この式は，吸着の起こりやすさを飽和吸着量（W_s，すべての吸着サイトに吸着したときの溶質の吸着量）と吸着平衡定数（a，個々の吸着サイトへの吸着のしやすさ）に分けて，それぞれを数値化できることを示している．

実験操作

注意：多種類の水溶液を同時に取り扱うので，それぞれを識別できるようにする．
　　　共洗いには必要最小量の当該水溶液を使用する．無駄に使用すると，後の操

作で足りなくなる．

実験終了後，洗浄した三角フラスコ (100 mL) は所定の場所に戻す．

2.5.1　シュウ酸水溶液の調製と活性炭による吸着

(1)　ビーカー (100 mL) に共通試薬の 0.2500 mol/L シュウ酸水溶液を約 40 mL 取る．

(2)　シュウ酸水溶液① (0.05000 mol/L) の調製
10 mL ホールピペットを 2 回使って，共通試薬の 0.2500 mol/L シュウ酸水溶液 20 mL を容量フラスコ (100 mL) に取り，蒸留水で薄めて 0.05000 mol/L シュウ酸水溶液 100 mL を作る．ここからメスシリンダーで 40 mL 取り，乾いた 100 mL 三角フラスコに入れ，ゴム栓をする．残った容量フラスコのシュウ酸水溶液は 2.5.3 で用いる．

(3)　シュウ酸水溶液② (0.02500 mol/L) の調製
0.2500 mol/L シュウ酸水溶液を 10 mL ホールピペットで容量フラスコ (100 mL) に取り，蒸留水で薄めて 0.02500 mol/L シュウ酸水溶液 100 mL を作る．ここからメスシリンダーで 40 mL 取り，乾いた 100 mL 三角フラスコに入れ，ゴム栓をする．

(4)　シュウ酸水溶液③ (0.0125 mol/L) の調製
(3) で容量フラスコに残ったシュウ酸水溶液②から 40 mL をメスシリンダーで取り，100 mL ビーカーに入れる．シュウ酸水溶液と等量の蒸留水をメスシリンダーで取り，ビーカーに加えて 2 倍に薄める．ここからメスシリンダーで 40 mL 取り，乾いた 100 mL 三角フラスコに入れ，ゴム栓をする．

(5)　活性炭によるシュウ酸の吸着
シュウ酸水溶液①〜③を入れた三角フラスコそれぞれに活性炭を 1.0 g ずつ加える．この際，活性炭の重量を三つのフラスコで等しくする必要はないが，1.0〜1.1 g の範囲で小数点以下 2 桁まで正確に秤量する．ゴム栓を押さえながら，しっかり振り混ぜた後，時々振り混ぜながら 30 分間放置する（ゴム栓に活性炭が付着してもかまわない）．このとき，室温を反応温度として記録する．

2.5.2　NaOH 滴定液（約 0.03 mol/L）の調製

ビーカー (100 mL) に共通試薬の NaOH (0.4～0.7 g) を取り，その重量を記録する．また，蒸留水を三角フラスコ (200 mL) の 200 mL の目盛りまで入れる．この蒸留水（約 50 mL）で NaOH を溶解し，ポリ容器 (2000 mL) に移し入れる．ビーカーに残った NaOH を残りの蒸留水で洗い込み，さらに蒸留水 (200 mL) を追加した後，よく混合して NaOH 滴定液（約 400 mL）を作る．

2.5.3　NaOH 滴定液の標定

操作 2.5.1(2) の 0.05000 mol/L シュウ酸標準液を 5 mL ホールピペットで取り，ビーカー (100 mL) に入れ，蒸留水（約 10 mL）で薄める．フェノールフタレイン指示薬を数滴加え，滴定液（NaOH 水溶液）をビュレットから加える．反応液が淡紅色を呈し，数回かき混ぜても退色しない点を終点とする．滴定は最低 3 回行う．シュウ酸と NaOH の当量関係から NaOH 滴定液の濃度を求める（参照：p.91，シュウ酸と NaOH の当量関係）．

2.5.4　活性炭によるシュウ酸の吸着量の算出

(1) 遊離シュウ酸の定量

ひだ折りろ紙（参照：p.18，図 0.21）を乾いた漏斗に載せ，これを乾いた 100 mL 三角フラスコに置く（3 セット準備）．これに操作 2.5.1(5) が完了したシュウ酸水溶液それぞれを，乾いた撹拌棒に沿わせながら傾斜法で注いで活性炭をろ別する．ろ液を 5 mL ホールピペットで取り，操作 2.5.3 と同様に滴定する．この滴定操作を各ろ液について最低 3 回行う．

(2) 吸着量の算出

操作 2.5.4(1) の結果から遊離シュウ酸の濃度を計算し，これを平衡濃度 C（単位：mol/L）とする．シュウ酸の初濃度 C_0 から平衡濃度 C を引き，シュウ酸の分子量 (90.03) とシュウ酸水溶液の容量 (40 mL) を掛けると，活性炭への吸着量（単位：g）が求まる．続いて，これらの値を用いた活性炭の重量（単位：g）で割ると，活性炭 1.00 g に吸着されたシュウ酸の量 W（単位：g/g）が求まる．以上の計算値を表 2.2 のようにまとめる．

表 2.2　活性炭によるシュウ酸の吸着量を求める実験の結果

	C_0 (mol/L)	C (mol/L)	吸着量 (g)	活性炭 (g)	W (g/g)	C/W (mol·g/L·g)
①						
②						
③						

2.5.5　飽和吸着量 W_s と吸着平衡定数 a の算出

　本実験の吸着現象はラングミュア式 2.28 に従うと考えて，以下の解析を行う．式 2.28 の両辺を逆数にして変形すると式 2.29 が得られる．ここで，W_s は飽和吸着量（単位：g/g），a は吸着平衡定数（単位：L/mol）である．

$$\frac{C}{W} = \frac{1}{aW_s} + \frac{C}{W_s} \tag{2.29}$$

　シュウ酸の各吸着実験について C/W（単位：mol·g/L·g）を計算し，C/W を C に対してプロットすると直線が得られる（図 2.11）．直線を得るにあたっては付録 H (p.177) を参照すること．この直線の傾き $(1/W_s)$ と切片 $(1/aW_s)$ から飽和吸着量 W_s と吸着平衡定数 a を算出し，反応温度とともに報告する．

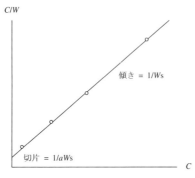

図 2.11　C に対する C/W のプロット

2.6 加水分解反応速度の測定

実験の概要

　実験 2.4〔酸化反応速度〕の測定で学んだように，一次反応速度定数を求めるためには，開始から十分な時間が経過し，反応が完結した後の測定値（たとえば滴定値）が必要である．この目的のため実験 2.4 では大量の還元剤 (KI) を加えて，短時間で反応の終点に到達させる実験を別途実施している．このような手段がなく，適当な時間内には反応の終点が観測できない場合にも，解析法を工夫すれば反応速度定数を求めることができる．その一つがグッゲンハイム (Guggenheim) プロットであり，ここではエステルの酸加水分解を取り上げ，本法によるその一次反応速度定数の算出を実習する．

　塩酸を触媒として多量の水存在下，ギ酸エチル ($HCO_2C_2H_5$) を加水分解する反応では逆反応は無視できる．すると，反応速度と基質濃度 $[HCO_2C_2H_5]$，水の濃度 $[H_2O]$，水素イオン濃度 $[H^+]$ の関係は式 2.30 で与えられる．このうち，$[H_2O]$ は他に比べ圧倒的に大きいため，反応中変化しないと考えられるので，速度定数に含めることができる．

$$HCO_2C_2H_5 + H_2O + H^+ \xrightarrow{k_1} HCO_2H + C_2H_5OH + H^+$$

$$\frac{-d[HCO_2C_2H_5]}{dt} = k_1[HCO_2C_2H_5][H_2O][H^+] \tag{2.30}$$

　また，この反応ではギ酸 (HCO_2H) が生成するため，反応中 $[H^+]$ が若干上昇すると考えられる．しかし，塩酸の濃度（～0.1 mol/L 程度）が十分に高いため，これも無視できる．すなわち，反応開始時の水素イオン濃度を $[H^+]_0$ とすれば，$[H^+] \cong [H^+]_0$（一定）と考えられる．結局，式 2.30 は見かけ上，式 2.31 のように一次式となる．

$$\frac{-d[HCO_2C_2H_5]}{dt} = k[HCO_2C_2H_5] \tag{2.31}$$

ギ酸エチルの初濃度を a，時刻 t におけるギ酸の濃度を x とすると，時刻 t におけるギ酸エチルの濃度は $(a-x)$ となる．

$$\frac{-d(a-x)}{dt} = k(a-x) \tag{2.32}$$

$t = 0$ において $x = 0$ であるから，式 2.32 を積分すれば式 2.33 が得られる．

$$a - x = ae^{-kt} \tag{2.33}$$

a を決定できれば,式 2.33 から一次反応速度定数 k が計算できることは実験 2.4 で既に説明した.ここではグッゲンハイムプロットを用いて,a の値を決定することなく k を求める方法を説明する.

時刻 $t_1, t_2, t_3, \cdots, t_n$ と,時刻 $t_1+\Delta, t_2+\Delta, t_3+\Delta, \cdots, t_n+\Delta$($\Delta$ は一定)において x を測定し,その値をそれぞれ,$x_1, x_2, x_3, \cdots, x_n$ と $x_{1+\Delta}, x_{2+\Delta}, x_{3+\Delta}, \cdots, x_{n+\Delta}$ とすれば,式 2.33 は式 2.34 および式 2.35 と表される.

$$a - x_n = ae^{-kt_n} \tag{2.34}$$

$$a - x_{n+\Delta} = ae^{-k(t_n+\Delta)} \tag{2.35}$$

次に,式 2.34 から式 2.35 を引くと式 2.36 が得られ,これを対数に変換すると式 2.37 となる.また,これを常用対数で記述すると式 2.38 となる.

$$x_{n+\Delta} - x_n = e^{-kt_n}[a(1-e^{-k\Delta})] \tag{2.36}$$

$$\ln(x_{n+\Delta} - x_n) = -kt_n + \ln[a(1-e^{-k\Delta})] \tag{2.37}$$

$$\log(x_{n+\Delta} - x_n) = -kt_n/2.303 + \log[a(1-e^{-k\Delta})] \tag{2.38}$$

Δ は一定に取るので $\ln[a(1-e^{-k\Delta})]$ は定数となる.結論として,$\ln(x_{n+\Delta} - x_n)$ を t_n に対してプロットすれば直線が得られ,その傾きから一次反応速度定数 k が求められる.

実験操作

メートルグラスを用いて共通試薬の 1 mol/L HCl 水溶液 15 mL を 200 mL 三角フラスコに取り,蒸留水で薄めて 0.1 mol/L HCl 水溶液 150 mL を作る.また,メートルグラスを用いて試験管にギ酸エチル 5 mL を取る.これらを恒温水槽(20~30 °C の間の一定温度)に 15 分以上浸し,温度を一定にする.恒温水槽の温度を記録し,これを反応温度とする.三角フラスコには撹拌棒を入れておき,これが反応容器となる.

机上の 1000 mL 試薬瓶を用いて,共通試薬の約 2 mol/L NaOH 水溶液を蒸留水で薄めて約 0.2 mol/L NaOH 水溶液 300 mL を作る.これが滴定液となり,よく振り混ぜて均一とし,すべての滴定をこれで行う.濃度は一定でなければならないが,特定の値(たとえば 0.200 mol/L)に厳密に設定する必要はないことに注意しよう.次に,蒸留水約 50 mL を入れた 100 mL ビーカー数個を用意しておく.

ギ酸エチルを反応容器に手早く加え，その時刻を記録し，これを反応開始の時刻とする．数 10 秒間反応溶液を手早く撹拌し，その後は撹拌の必要はない．撹拌が十分でないと反応溶液は均一とならないので注意すること．反応開始から約 120 分間，5 分ごとに試料を採取する．ただし，これは目安であり，少々のずれや測定点の少しの欠如はあってもよい．

各時刻に 5 mL ホールピペットで反応溶液を取り，用意した蒸留水を入れたビーカーに直ちに加える．ピペットをそのつど洗う必要はない．ピペットの内容の約半量が流出した時刻を秒単位まで記録し，反応開始時からそれまでの時間を t とする．

ビーカーの薄めた溶液を直ちに，フェノールフタレインを指示薬として NaOH 滴定液で滴定し，その値を V とする．なお，ギ酸エチルは中性水溶液中でも，ゆっくりではあるが加水分解されるので，滴定の終点を見定める基準が特に必要となる．フェノールフタレインの赤色がすぐに退色し，さらに NaOH 滴定液を 1 滴加え，赤色が 10 秒程度保持されたときを終点とする．

速度定数の計算

この計算のために 2 種類のグラフを作成するが，それらにはグラフ用紙を使用すること．

[V 対 t のグラフの作成]

V を t に対してプロットし，各測定点を通る上に膨らんだ滑らかな曲線を描く．このとき，曲線から大きく外れる測定点は無視する．滴定値は最初大きく増加し，その変化は徐々に小さくなり，最終的には一定の値となる曲線に乗るはずである．

$\Delta = 60.0$ 分として，$t_n = 10.0$, 15.0, 20.0, 25.0, 30.0, 35.0, 40.0, 45.0, 50.0,

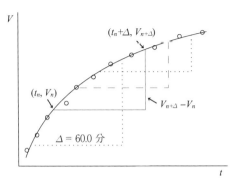

図 **2.12** 滴定量 (V) の時間 (t) に対する変化

55.0 分における滴定値 V_n と，$t_n + \Delta = 70.0, 75.0, 80.0, 85.0, 90.0, 95.0, 100.0,$ 105.0, 110.0, 115.0 分における滴定値 $V_{n+\Delta}$ とを，作成したグラフ（描いた曲線）から読み取る．この読み取り値を下のような表にまとめると，次の $\ln V$ 対 t のグラフの作成に便利である．

表 2.3.1　滴定値のまとめ

t_n	V_n	$t_n+\Delta$	$V_{n+\Delta}$	$V_{n+\Delta}-V_n$	$\ln(V_{n+\Delta}-V_n)$
10.0		70.0			
15.0		75.0			

[$\ln V$ 対 t のグラフの作成]

生成したギ酸の濃度と滴定値には式 2.39 あるいは式 2.40 の関係がある．これらの式の左辺（滴定液の濃度 M × 滴定値）は，加えた NaOH の物質量である．一方，右辺は分取した液量 (5.00 mL) に触媒の塩酸と生成したギ酸それぞれの濃度の和を掛けたもの，すなわち，そこに存在する酸の物質量である．次に，式 2.40 から式 2.39 を引いて整形すると式 2.41 が得られる．

$$M \cdot V_n = 5.00 \times ([\text{H}^+]_0 + x_n) \tag{2.39}$$

$$M \cdot V_{n+\Delta} = 5.00 \times ([\text{H}^+]_0 + x_{n+\Delta}) \tag{2.40}$$

$$x_{n+\Delta} - x_n = (V_{n+\Delta} - V_n)(M/5.00) \tag{2.41}$$

最後に，式 2.41 を式 2.37 に代入すれば式 2.42 が得られる．

$$\ln(V_{n+\Delta} - V_n) = -kt_n + 定数 \tag{2.42}$$

$$\log(V_{n+\Delta} - V_n) = -kt_n/2.303 + 定数 \tag{2.43}$$

$\ln(V_{n+\Delta} - V_n)$ を t_n に対してプロットして，得られた直線の傾きから k ($\min^{-1}$) を求め，続いて k ($\sec^{-1}$) を計算する．作図の仕方や直線の引き方は，実験 2.4〔酸化反応速度〕の測定を参照すること．また，対数表を利用するときは，常用対数で記述された式 2.43 を用いる．

本実習では基質エステルとしてギ酸エチルを用いたが，その代わりに酢酸メチル $CH_3CO_2CH_3$ を用いることもできる．ただし，酢酸メチルはギ酸エチルと比べ加水分解の反応性が低いため，下の点を変更しなければならない．触媒の塩酸濃度が高く，滴定液が大量に必要なことは欠点である．その一方，中性付近では加水分解反応が遅いため，ギ酸エチルの場合に比較して滴定の終点が見定めやすい．

表 2.3.2 加水分解反応実験に用いる試薬

	ギ酸エチル	酢酸メチル
触媒として用いる酸	0.1 mol/L HCl	1.0 mol/L HCl
準備する滴定液 (0.2 mol/L NaOH) の量	300 mL	800 mL
中性付近での加水分解速度	比較的速い	比較的遅い
上の結果，滴定の終点の様相	見定めにくい	見定めやすい

第3章

有機化学実験

　有機化学実験は，有機化合物の分析および合成と同定に関する基本的な操作方法の習得とその原理の修得を目的とする．有機化合物を実際に手に取って，基本的な分析を行い，また実験器具を用いて合成を行うことは，有機化学の講義内容を理解する助けになる．最近は，有機化合物の分析機器や合成反応の自動化装置などが大きく発展して，ともすれば基礎的な分析手段や合成技術を身に付けることが疎かにされがちであるが，これらを避けては有機化学の本質を理解することはできない．

　反応の実施，生成物の単離と精製，構造確認という本有機化学実験の中には，蛍光の観察，クロマトグラフィー，NMRスペクトル（付録）という高度な内容も含まれるが，それらの原理と実際について積極的に理解を深めてもらいたい．また，有機反応の仕組み，すなわち反応機構は電子の移動で解釈される．本実験で取り上げたカルボン酸誘導体，アミンあるいは芳香族化合物の基本的反応について反応の仕組みを，この観点から理解するべきである．

3.1 有機定性分析

　有機化合物の基本的な性質を調べ，その構造を推定することは有機化学を学ぶ上で大変重要である．近年は，有機化合物の構造を主としてスペクトル分析による情報をもとに決定することが多いが，他の情報，すなわち溶解性試験，官能基分析，融点測定，元素分析などにより補足することは不可欠である．本実験では，有機定性分析の基礎として，溶解性試験，官能基分析，およびこれらと薄層クロマトグラフィー，融点測定を活用した未知試料の有機化合物の同定を行う．実験に先立ち付録 E〔酸塩基反応の平衡点〕(p.167) を熟読しておくこと．

注意：呈色反応皿上の反応液は指定の廃液容器に入れる．また，残った汚れはごく少量のエタノールで溶解し，これも廃液容器に入れる

3.1.1　溶解性試験
実験の概要

　一般に有機化合物は水に難溶であることが多い．[1] しかし，特定の官能基を持つものは，酸性あるいはアルカリ性水溶液に溶解する．たとえば，酸性官能基であるカルボキシ基 (–COOH) を持つカルボン酸や，酸性ヒドロキシ基 (–OH) を持つフェノール類は，NaOH アルカリ性で水に溶解する．また，$NaHCO_3$ アルカリ性ではカルボン酸のみが溶解するから，カルボン酸とフェノール類を区別できる．一方，塩基性官能基であるアミノ基 (–NR_2) を持つアミン類は，酸性条件下で水に溶解する．これに対し，炭化水素や，一つの分子中に比較的多数（通常 6 以上）の炭素原子を含む単純なアルデヒド，ケトン，アルコール，エーテル，エステル，アミドなどは，中性，酸性，塩基性いずれの条件でも水に溶解しない．

実験操作

　呈色反応皿（黒色）を使用し，以下の実験を行う．共通試薬の 1-ナフトール，安息香酸，2-アセチルナフタレン，2,4-ジクロロアニリンを，それぞれスパチュラのくぼみ 1/2 杯ずつ呈色反応皿の凹部 2 箇所ずつ（計 8 箇所）に取る．それらすべてに，蒸留水をスポイトで 6 滴ずつ加え撹拌棒でよくかき混ぜて，そのときの変化を記録

---
[1] 有機化合物であっても，炭素数が 5 以下であれば水に溶けやすいものも多い．

する．一方には 3 mol/L NaOH 水溶液を 2 滴ずつ加え（計 4 箇所），もう一方には 6 mol/L HCl 水溶液を 1 滴ずつ加え（計 4 箇所），それぞれよくかき混ぜて状態を観察する．このとき変化が観察された凹部について，NaOH 反応液には 6 mol/L HCl 水溶液を加えて酸性とし，HCl 反応液には 3 mol/L NaOH 水溶液を加えてアルカリ性とし，同様に観察する．次に，呈色反応皿（黒色）の凹部 2 箇所それぞれに安息香酸と 1-ナフトールをスパチュラのくぼみ 1/2 杯ずつ取り，飽和 $NaHCO_3$ 水溶液を 5 滴ずつ加えて，よくかき混ぜて状態を観察する．

3.1.2 官能基分析

ケトンの分析 ―2,4-ジニトロフェニルヒドラゾンの生成―

実験の概要

カルボニル基を有するアルデヒドとケトンは，酸性条件で 2,4-ジニトロフェニルヒドラジンと反応して，2,4-ジニトロフェニルヒドラゾン誘導体の沈殿（明黄色～暗赤色）を生成する．この実験からアルデヒドとケトンが同定できる．

$$\underset{\substack{\text{アルデヒド} \\ \text{あるいは} \\ \text{ケトン}}}{\overset{R}{\underset{R'}{>}}C=O} + \underset{\text{2,4-ジニトロフェニルヒドラジン}}{H_2N-\overset{H}{N}-\!\!\!\!\bigcirc\!\!\!\!-NO_2 \; (O_2N)} \longrightarrow \underset{\text{2,4-ジニトロフェニルヒドラゾン}}{\overset{R}{\underset{R'}{>}}C=N-\overset{H}{N}-\!\!\!\!\bigcirc\!\!\!\!-NO_2 \; (O_2N)}$$

実験操作

呈色反応皿（白色）の凹部に 2-アセチルナフタレンをスパチュラのくぼみ 1/3 杯取り，共通試薬の 2-メチルプロパン-1-オール（イソブチルアルコール）を 3 滴加えて撹拌棒でかき混ぜて溶解する．これに 2,4-ジニトロフェニルヒドラジン試薬[2]を 1 滴加え，変化を観察して記録する．

（2-アセチルナフタレン の構造式） 2-アセチルナフタレン

---

[2] 2,4-ジニトロフェニルヒドラジン 2.0 g をリン酸 50 mL に溶かし，エタノール 50 mL を加えたもの．

3.1.3 未知試料分析

実習 3.1.1 で行った溶解性試験の手法を活用し，さらに薄層クロマトグラフィー分析，融点測定を行うことで未知試料の有機化合物を同定する．

```
        OH
        │
    [naphthol structure]         1-ナフトール      mp 94-96 ℃

    [benzoic acid structure]─COOH  安息香酸        mp 121-125 ℃

                O
                ‖
    [naphthalene]─C─CH₃          2-アセチルナフタレン  mp 52-56 ℃

    Cl                            2,4-ジクロロアニリン  mp 59-62 ℃
     [dichloroaniline]─NH₂
    Cl
```

上の表から一つの試料が各自に与えられているので下の三つの試験を行う．

注意：融点測定器は 2 人に 1 台用意されている．実験操作は次の順で行うこと．

受講番号奇数：(1) → (3) → (2)

受講番号偶数：(1) → (2) → (3)

(1) 溶解性試験

未知試料を呈色反応皿（黒色）に取り，溶解性試験を施す．

(2) 薄層クロマトグラフィー

操作にあたっては薄層クロマトグラフィーの操作法 (p.23) を熟読しておくこと．薄層板（幅 2 cm, 高さ 5 cm）を 2 枚用意して，塗布されたシリカゲルを傷つけないよう注意しながら，それぞれに鉛筆で出発線を引く．その線上に 2 点を均等に付け，点の下に記号 a, b（1 枚目），c, d（2 枚目）を書く．これら出発点に共通試薬の標品溶液 [(a) 1-ナフトール，(b) 安息香酸，(c) 2-アセチルナフタレン，(d) 2,4-ジクロロアニリン] をそれぞれ専用の毛細管で付ける．次に未知試料をスパチュラのくぼみにごく少量（1/5 杯程度）を取って呈色反応皿の凹部に入れ，酢酸エチル-ヘキサン (1:2) 5 滴を加え溶解する．これを毛細管で取り，四つの出発点に付ける（試料と標品の重ね打ちスポットができる）．展開液に共通試薬の混合溶液 [酢酸エチル-

ヘキサン (1:9)] を用いて薄層クロマトグラフィー分析を行う．検出には共通実験台にある紫外線ランプ (254 nm) を用いる．この際，紫外線が目に入らないよう専用の保護メガネを着用すること．スポットが分離すれば，試料と標品が異なる物質であることを示す．分離が不十分なときは，もう一度展開する．この操作（多重展開）によって，より長い薄層板で展開したのと同じ効果が得られる．この結果は R_f 値とともに全体的な形をスケッチして報告する．

注意：試料が多いと良好な分離が得られない．できるだけ薄い溶液をできるだけ少量付けること．もし分離が不十分であれば，より薄い試料溶液で再度分析する．

(3) 融点測定

　未知試料の融点を測定し，その値を表中の融点（文献値）と比較して，試料を同定する．微量融点測定器を使用するので操作にあたっては融点測定 (p.24) を熟読しておくこと．

　用いた未知試料の番号を示し，3.1.3(1)～3.1.3(3) の分析判定結果を報告する．このとき，その判定の根拠についても論述すること．

3.2 有機化合物の構造と物性 —色素と蛍光—

実験の概要

　アゾ色素は分子内にアゾ基 (-N=N-) を持つ有機化合物であり，芳香族アミンのジアゾニウム塩の生成と続くカップリング反応によって合成される．アゾ基を通して伸びた共役 π 電子系を持つ化合物は，可視光を吸収し着色する．その共役系に非共有電子対を持つ置換基が結合すると，より長波長の光を吸収するようになる．アゾ色素のうち，メチルレッドやメチルオレンジは酸塩基指示薬として用いられている．

[2-アミノ安息香酸塩酸塩（塩化2-カルボキシアニリニウム）→ ジアゾニウム塩 → メチルレッド の反応式]

[4-アミノベンゼンスルホン酸塩酸塩 → ジアゾニウム塩 → メチルオレンジ の反応式]

過剰の亜硝酸の分解　$2HNO_2 + H_2N-CO-NH_2$（尿素）$\longrightarrow 2N_2\uparrow + CO_2\uparrow + 3H_2O$

　濃硫酸の存在下，無水フタル酸とレソルシノールを 180℃ 付近まで加熱するとフルオレセインが生成する．フルオレセインのヒドロキシ基とエーテル結合を持つ二つのベンゼン環はそれらの電子供与性によって活性化されており，室温無触媒で Br_2

[レソルシノール + 無水フタル酸 → H_2SO_4, 180 ºC → フルオレセイン → Br_2 → テトラブロモフルオレセイン の反応式]

によって臭素化されてテトラブロモフルオレセインを生成する．

臭素の発生　　$5KBr + KBrO_3 + 6HCl \longrightarrow 3Br_2\uparrow + 6KCl + 3H_2O$

フルオレセインは可視領域の蛍光を発する代表的な蛍光色素である．酸性条件とアルカリ性条件ではその構造が変化し，吸光と蛍光の特性が異なる．この実験に関係する物質の電子構造と吸光・蛍光の解説は p.148，付録 B〔物質の色〕に記載されている．

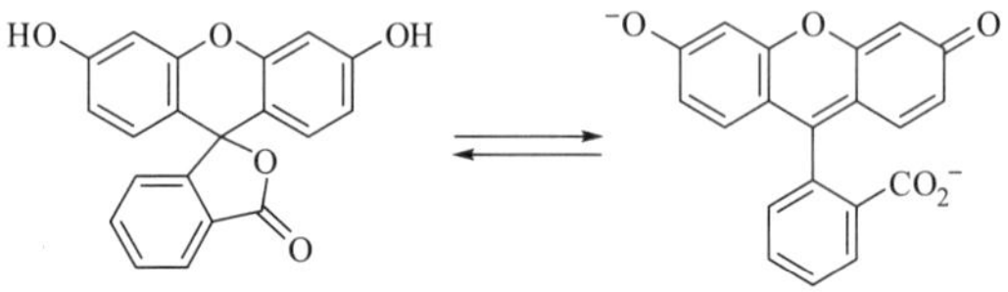

図 3.1　フルオレセインの構造変化

3.2.1　メチルレッドとメチルオレンジの合成

実験操作

100 mL ビーカーに氷と水道水を入れ，氷浴を準備する．目盛り付き遠心管に亜硝酸ナトリウム $NaNO_2$ 0.1 g と蒸留水 1 mL を取り，得られた水溶液を氷浴で冷却する．次に，2-アミノ安息香酸（アントラニル酸）の塩酸水溶液[3] と 4-アミノベンゼンスルホン酸の塩酸水溶液[4] それぞれ 5 滴を別の目盛り付き遠心管に取り，氷浴で冷却する．これら二つのアミン塩酸塩水溶液それぞれに，冷却しておいた $NaNO_2$ 水溶液を 3 滴ずつ加え，よく振り混ぜて 5 分間氷浴中に保つ（ジアゾニウム塩の生成）．続いて，別の目盛り付き遠心管に尿素 0.1 g と蒸留水 0.5 mL を取り，得られた水溶液を 5 滴ずつジアゾニウム塩の水溶液に加え，よく振り混ぜて，さらに 5 分間氷浴中に保つ．このとき尿素によって過剰の HNO_2 は分解される．

白色の呈色反応皿の凹部 2 箇所に N,N-ジメチルアニリン塩酸水溶液[5]を 1 滴ずつ入れる．次に，目盛り付き遠心管で酢酸ナトリウム 0.15 g を蒸留水 1 mL に溶かした水溶液を用意する．この水溶液を 4 滴ずつ呈色反応皿の N,N-ジメチルアニリン塩酸水溶液に加え，撹拌棒でかき混ぜる．次に，一つの反応液に 2-アミノ安息香

---

[3] 2-アミノ安息香酸 (0.2 mol/L) を 2 mol/L HCl に溶かした溶液（共通試薬）．
[4] 4-アミノベンゼンスルホン酸 (0.05 mol/L) を 2 mol/L HCl に溶かした溶液（共通試薬）．
[5] N,N-ジメチルアニリン (0.05 mol/L) を 2 mol/L HCl に溶かした溶液（共通試薬）．

酸のジアゾニウム塩水溶液を，もう一つの反応液に 4-アミノベンゼンスルホン酸のジアゾニウム塩水溶液をそれぞれ 2 滴加え，よくかき混ぜ，色の変化を観察する．室温で 10 分間放置すると，メチルレッドおよびメチルオレンジが生成する．

得られたメチルレッドとメチルオレンジの試料と，それらの標品を以下の手順で比較する（参照：p.22，ペーパークロマトグラフィー）．[6]

メチルレッドとメチルオレンジの合成反応液に 6 mol/L NH_3 水溶液を 3 滴ずつ加え，撹拌棒でよくかき混ぜて得られた上澄み液をメチルレッド合成品とメチルオレンジ合成品とする．これらと標品を毛細管で取り，①メチルレッド標品，②メチルレッド合成品，③メチルレッド合成品＋メチルオレンジ合成品，④メチルオレンジ合成品，⑤メチルオレンジ標品の 5 つの原点それぞれに 2〜3 回付着させる．ただし，メチルレッド合成品の濃度は低いので，電熱器で軽く乾かしながら 10 回以上繰り返し付着させる．ペーパークロマトグラフィーの展開液には，共通試薬の混合溶液〔2-メチルプロパン-1-オール (1)＋濃アンモニア水 (1)＋蒸留水 (50)〕を用いる．レポートにはペーパークロマトグラフィーの全体像（各スポットの移動の様子）のスケッチとともに R_f 値を報告し，用いたろ紙も添付する．

また，合成したメチルレッドおよびメチルオレンジの溶液でろ紙 (No.1, 110 mm) 上にそれぞれ二つのスポットを作り，一方に希 HCl 水溶液を滴下し酸性に，もう一方に希 NaOH 水溶液を滴下し塩基性にして，その色の変化を観察する．[7]

注意：この実験で得られるアゾ色素を含む水溶液は指定の廃液容器に入れる．また，使用した実験器具は入念に洗浄すること．落ちにくい汚れには 6 mol/L NH_3 水溶液を数滴加え，水道水で薄めると溶解する．

3.2.2　フルオレセインの合成とその臭素化

実験操作

レソルシノール - 無水フタル酸混合物[8]をスパチュラのくぼみに 1 杯取り，乾いた

---

[6] ペーパークロマトグラフィー用ろ紙 (No.3, 110 mm) を使用する．また，この展開中に実験 3.2.2 を行うと効率がよい．

[7] 希 HCl 水溶液と希 NaOH 水溶液は 6 mol/L HCl 水溶液と 3 mol/L NaOH 水溶液それぞれ 1 滴を蒸留水 1 mL で希釈して調製する．希 NaOH 水溶液は次のテトラブロモフルオレセインの呈色にも用いる．

[8] レソルシノールと無水フタル酸をモル比 2:1 で混合し，乳鉢でよく混ぜ合わせたもの．

大試験管に入れる.[9] 共通試薬の濃硫酸を2滴加え,電熱器に密着させて,時々振り動かしながら加熱する.試験管の内容物が暗赤色〜暗褐色となり,黒色の不溶物が一部生成するまで加熱する.このとき,加熱が不十分であると反応が十分進行せず,一部だけを過熱すると炭化するので注意すること.[10] また,試験管の口を自分や他人に向けてはいけない.

反応混合物を室温まで放冷した後,これに蒸留水3 mLを加えて電熱式水浴[11]で100 ℃近くで1分間加熱する.続いて,受器に小試験管を用いて,これを熱時に自然ろ過(参照:p.16,自然ろ過)した後,ろ液を小試験管2本にほぼ等量ずつ移す.もとの容器に残った少量のろ液は臭素化実験に使用するので保管しておく.小試験管に二分したフルオレセイン水溶液の一方に,6 mol/L HCl水溶液を約10滴,もう一方には3 mol/L NaOH水溶液を約10滴加えて,色(吸光と蛍光)の変化を観察する.また,紫外線 (365 nm) を照射して蛍光を観察する.顕著な相違が認められないときは,酸またはアルカリ,あるいは両者を追加して観察する.

次に,以下の手順でフルオレセインの臭素化を行う.新しい小試験管に蒸留水2 mLを入れ,臭化カリウム (KBr) - 臭素酸カリウム ($KBrO_3$) 水溶液[12]を1滴加える.これに6 mol/L HCl水溶液を1滴加えて静かに振り混ぜると,臭素 Br_2 が生成する.試験管の口をろ紙 (40 mm) で包み込むように覆い,その中心に保管したフルオレセイン溶液1〜2滴を付ける.試験管を電熱式水浴で100 ℃近くで加熱すると Br_2 が揮発して,フルオレセインのスポットの色が変わる.ろ紙をはずし,スポットの上に希NaOH水溶液を1〜2滴加える.テトラブロモフルオレセインが生成していれば,アルカリ性でスポットの色が赤色に変わる.これと,先に調製したフルオレセインのアルカリ性水溶液を付けたろ紙の両方に紫外線 (254 nm) を照射し,臭素化前後で蛍光の色が変化したか確認する.

注意:この実験で得られるフルオレセインを含む水溶液は指定の廃液容器に入れる.合成に使用した試験管は水道水で洗浄後,残りの希NaOH水溶液を加えて,汚れがないことを確かめる.落ちにくい不溶物は少量の3 mol/L NaOH水溶液で溶解させ,指定の廃液容器に入れる.

---

[9] 濃硫酸を使用するので,必ず乾いた大試験管を使用すること.水滴が付着していると加熱の際,試験管が割れることもあり,危険である.
[10] 電熱器では加熱が弱いことが多い.炭化する直前が適当な加熱である.
[11] 電熱式水浴は2人に1台配布されており,その使用方法 (p.11) を熟読しておくこと.
[12] KBr 9.9 gと $KBrO_3$ 2.6 gを蒸留水100 mLに溶かして調製したもの.

3.3　有機合成 I — 4-メトキシアニリンのアセチル化—

実験の概要

　アニリン類は芳香族アミンに分類され，ベンゼン環に直接結合したアミノ基 (-NH$_2$) を持ち，塩基性を示す．酸性条件では，アニリン類はアンモニウムイオンを生じて水に溶解する．

$$R\text{-}C_6H_4\text{-}NH_2 + HCl \longrightarrow R\text{-}C_6H_4\text{-}NH_3^+ Cl^-$$

　アニリン類の構造を一般的に表現する目的で，上の反応式では置換基
の位置を特定しない表記法を用いている．

　アミンの窒素原子は，結合に関与しない非共有電子対を持っているため，求電子試薬と反応しやすい．カルボン酸無水物は代表的な求電子試薬であり，そのカルボニル炭素は部分的正電荷を帯びている．アミンはこれと反応してアミドを生成する．

$$CH_3O\text{-}C_6H_4\text{-}NH_2 + (CH_3CO)_2O \longrightarrow CH_3O\text{-}C_6H_4\text{-}NHCOCH_3 + CH_3CO_2H$$

4-メトキシアニリン　　　　　　　　　　　　　　　4-メトキシアセトアニリド

　本実習では，4-メトキシアニリン（p-アニシジン）を用いて，(1) 希塩酸に一旦溶解した後，(2) 無水酢酸によるアセチル化を行う．その中で，熱時ろ過と再結晶による生成物の精製と，融点測定による化合物の同定を体験する．

実験操作

　30 mL ビーカーに蒸留水 20 mL と 6 mol/L HCl 水溶液 2.8 mL を入れ，撹拌して希塩酸を準備しておく．次に，100 mL ビーカーに 4-メトキシアニリン 1.23 g を測り取り，[13] ここに上記の希塩酸をゆっくりと加え，よく撹拌する．この溶液は着色しているので，活性炭を用いて以下の手順で脱色する．できあがった溶液に，活性炭を薬さじの大きいくぼみに 2 杯加えて撹拌した後，ブフナー漏斗とろ過鐘を用いて吸引ろ過する（参照：p.17，吸引ろ過）．活性炭が付着したビーカーに 2 mL の蒸留水を加え，これでろ紙上の活性炭を洗浄する．[14] ろ液と洗浄液は合わせて次に使用す

---
[13] 1.15～1.30 g 程度を測り取ればよい．ただしその正確な重さを記録しておくこと．
[14] ブフナー漏斗上の活性炭に蒸留水を流し込んで吸引する．

る．また，別の 30 mL ビーカー中に酢酸ナトリウム 1.72 g を 10 mL の蒸留水に溶かした液を作っておく．

　4-メトキシアニリン塩酸塩水溶液に無水酢酸 1.6 mL（比重 1.085）を加える．その後，直ちに酢酸ナトリウム水溶液を加え，5 分間よく撹拌する．[15] これ以降，時々撹拌しながら 20 分間置く．その後，バットに入れた氷水中で十分冷やしてから，析出した結晶を吸引ろ過で集める．蒸留水を別の 100 mL ビーカーに取り，氷水中で冷やしておき，これを用いてろ集した結晶を洗う．このとき，冷蒸留水を少量ずつ使ってビーカーに付着した結晶を出来る限りろ紙上へ移す．この結晶を新しいろ紙（No.1，110 mm）の上に取り出し，もう 1 枚のろ紙で挟んでよく押しつけ，水分を除く．ここで得られた生成物（4-メトキシアセトアニリド）の粗結晶は，重さ（粗収量）を測ったのち，以下の再結晶操作で精製する．

　ろ紙上の生成物をピンセットとスパチュラを用いて 100 mL ビーカー①に移し，蒸留水 20 mL を加えて電熱器で静かに加熱する．別に 100 mL ビーカー②で蒸留水 50 mL を加熱しておき，これをビーカー①に少しずつ加えて必要最少量で結晶を溶解させる．電熱器のスイッチを適当に ON/OFF して，加熱し過ぎないよう注意する．また，電熱器に二つのビーカーを載せることになるので，転倒しないよう十分注意すること．[16]

　次に，ビーカー②で加熱した蒸留水を通して，新しいろ紙を敷いたブフナー漏斗とろ過鐘内のビーカー③を温める．この処理が終わったら，ビーカー③に溜まった湯は捨てる．器具が冷めないうちに，ビーカー①の 4-メトキシアセトアニリド水溶液を手早く吸引ろ過する．この操作を熱時ろ過と呼ぶ．ろ液を室温まで放冷した後，新しいろ紙を用いて，析出した結晶を吸引ろ過で集める．ろ紙上の結晶を 30 mL ビーカーの底で軽く押しつける．最後に，減圧が保たれるようにブフナー漏斗を手で軽く押しつけて，さらに 2～3 分間吸引する．

　結晶を粗結晶から水分を除いたときと同様に新しいろ紙（No.1，110 mm）の上に取り出し，もう 1 枚のろ紙で挟んで水分を除く．次に，新しいろ紙に変えて結晶を十分に乾かしてから重さを測り，収率を求める．結晶をスパチュラのくぼみに 1 杯

---

[15] 無水酢酸は 4-メトキシアニリン塩酸塩とは反応しないが，水とは徐々に反応する．したがって，無水酢酸を加えたらすぐに酢酸ナトリウム水溶液を加える．すると，4-メトキシアニリンが遊離して無水酢酸との反応が進行する．4-メトキシアニリンは水より求核性が大きく，水より速く無水酢酸と反応する．

[16] 熱いガラス器具を扱うときは，軍手を使用するとよい．また，ビーカー②にトールビーカーを用いると，電熱器上にビーカーを載せやすくなる．

程度分け取り，新しいろ紙でさらに乾かしてから，その一部で融点を測定する（参照：p.24, 融点測定）.[17] 文献値 128–130 °C．本実習で合成した 4-メトキシアセトアニリドは次回の実習で原料として用いる．薬包紙に包み，記名して，実習室の指定された場所に保管しておくこと（参照：p.26, 図 0.31. 薬包紙の折り方）.

　ここで熱時ろ過と再結晶の意味を考えてみよう．はじめに得られた 4-メトキシアセトアニリドの粗結晶は微量の不純物を含んでいる．4-メトキシアセトアニリドに比べ溶解度の小さな不純物は熱時ろ過の際，ろ紙上に取り除かれる．一方，溶解度の大きな不純物は再結晶時に溶液中に溶解したままとなる．また，結晶をゆっくり成長させれば 4-メトキシアセトアニリドだけが析出して，溶解度が同程度の不純物はその結晶に取り込まれることなく，溶液中に残る．以上のように，熱時ろ過と再結晶の操作によって，高純度の生成物が得られる．

---

[17] 融点の測定には 15 分〜30 分程度の時間がかかる．時間が足りない場合には，担当者の指示に従って測定を次週以降に行うこと．

3.4 有機合成 II —ニトロ化と加水分解—

3.4.1 4-メトキシアセトアニリドのニトロ化

実験の概要

　芳香族ニトロ化合物は医薬品，染料，あるいはポリマーなどの原料として広く利用されている．それらニトロ化合物は主として，芳香族求電子置換反応に分類されるニトロ化反応によって合成される．このニトロ化試薬としては，硝酸，混酸（硝酸・硫酸），ニトロニウム塩などが用いられるが，いずれの場合もニトロニウムイオン（NO_2^+）が生成し，これが芳香環を求電子攻撃して反応は進行する．

　本実習では 4-メトキシアセトアニリドのニトロ化を行う．この化合物は電子供与性のメトキシ基とアセチルアミノ基を併せ持つため，求電子置換反応に対して強く活性化されている．その結果，比較的低濃度の硝酸溶液で，低温でニトロ化が容易に進行する．[18] また，本実習では着色した実験廃液の処理も体験する．

$$H_3CO-\underset{\text{4-メトキシアセトアニリド}}{\langle \rangle}-NHCOCH_3 \xrightarrow{HNO_3} H_3CO-\underset{\text{4-メトキシ-2-ニトロアセトアニリド}}{\langle \rangle}\underset{NO_2}{-NHCOCH_3}$$

実験操作

　目盛り付き遠心管で蒸留水 4 mL と 6 mol/L HNO_3 水溶液 5 mL をそれぞれ測り取り，30 mL ビーカーで混合する．このビーカーをバットに入れた氷水中で冷却する．4-メトキシアセトアニリド 0.5 g を薬包紙に測り取り，すべてを一度にこの冷 HNO_3 水溶液に加え，撹拌棒でよくかき混ぜる．3 分間撹拌した後，氷水中から反応液の入ったビーカーを取り出し，電熱式水浴（50〜60 ℃ が望ましい）に浸ける．反応液を撹拌しながら 30 分間，約 30 ℃ に加熱する．（その際，反応容器を水浴から出し入れして所定温度に保つように注意する）．この間，蒸留水 100 mL をビーカーに取って氷水中で冷やしておく．

　次に，析出した黄色結晶（4-メトキシ-2-ニトロアセトアニリド）を吸引ろ過で集める．このとき，ビーカーの内壁に残った生成物は用意した冷水 10 mL で洗い流し，ブフナー漏斗のろ紙上にできる限り移す．その後，冷水 10 mL で 2 回結晶を洗

---

[18] メトキシ基とアセチルアミノ基はともに活性化基であり，その強さにはそれほど差がないので，ベンゼン環上のどの位置が選択的にニトロ化されるかを予測することは困難である．現実にはアセチルアミノ基に隣接する炭素原子上で反応が起こるが，その理由を明らかにした研究例はない．

浄する．減圧が保たれるようにブフナー漏斗を手で軽く押しつけて，2〜3 分間さらに吸引する．次に，ピンセットとスパチュラを用いて結晶を新しいろ紙 (No.1, 110 mm) 上に移し，ろ紙の間に挟んでよく押しつけて水分を除く．得られた黄色生成物の重さを測り，収率を算出する．また，その一部で融点を測定する．文献値 117–118 ℃．

実験廃液処理

200 mL 三角フラスコに溜めた着色廃液に，活性炭を薬さじの大きいくぼみで 2 杯入れ，時々撹拌しながら 10 分間以上（実際には，次の加水分解実験が終わるまで）放置する．吸引ろ過で活性炭を除く．ろ液に炭酸水素ナトリウム（磨き粉として使用しているもの）を泡が出なくなるまで加える．この時点でほぼ中性になっている．その後の処理は担当者の指示に従う．

3.4.2　4-メトキシ-2-ニトロアセトアニリドの加水分解

実験の概要

アミドは酸性または塩基性条件で加水分解を受ける．生成物は対応する酸とアミンであり，溶液が酸性であるか塩基性であるかによって，そのどちらかが塩の形となる．本実習では，薄層クロマトグラフィーによる分析に焦点を当てて，4-メトキシ-2-ニトロアセトアニリドの塩基性条件下での加水分解を行う．

$$\text{4-メトキシ-2-ニトロアセトアニリド} + \text{NaOH} \longrightarrow \text{4-メトキシ-2-ニトロアニリン} + \text{CH}_3\text{CO}_2\text{Na}$$

実験操作

実験 3.4.1 で得られた 4-メトキシ-2-ニトロアセトアニリドをスパチュラのくぼみで 2 杯取り，小試験管に入れる．これに 3 mol/L NaOH 水溶液を 7 滴加えた後，100 ℃ 近くに加熱した電熱式水浴に浸し，撹拌棒で時々かき混ぜながら 25 分間加熱する．加熱中，試験管は試験管保持用ゴム板を巻いて取り扱い，火傷しないよう十分注意する（参照：p.12, 図 0.13 直火加熱）．加水分解反応が進行すると，反応液は黄色から朱色に変化する．

放冷後，小試験管中の反応液に撹拌棒を浸し，沈殿物（粗 4-メトキシ-2-ニトロアニリン）を少量の溶液とともに撹拌棒に付着させ，これらを呈色反応皿の凹部に移す．次に，呈色反応皿の別の凹部に原料の 4-メトキシ-2-ニトロアセトアニリドを少

量(スパチュラのくぼみで 1/3 杯以下)取る.以上二つの試料それぞれを酢酸エチル - ヘキサン (1:2) 混合溶液 5 滴で溶解する.これらの溶液を用いて,薄層クロマトグラフィー分析を行う.展開液には共通試薬の混合溶液〔酢酸エチル - ヘキサン (1:2)〕を用いる.[19] 検出には目視とともに紫外線ランプ (254 nm) を用いる.この結果は R_f 値とともに全体的な形をスケッチして報告する.

小試験管に残った反応液と沈殿に 6 mol/L HCl 水溶液を 10 滴程度加えて振り混ぜ,内容物の変化を観察する.このとき沈殿が完全に溶解すれば,加水分解は完結したと判断できるのだが,その理由を考えてみよう.

注意:試験管の反応液は指定の廃液容器に入れる.また,残った汚れはごく少量のエタノールで溶解し,これも廃液容器に入れる.[20]

◇◇◇◇◇◇◇◇◇◇◇◇◇◇◇◇◇◇◇◇◇◇◇◇
物質調製を目的とした実験操作

実験 3.4.1 で得られた 4-メトキシ-2-ニトロアセトアニリドの全量を小試験管に取り,3 mol/L NaOH 水溶液を 5 mL 加える.これを 100 ℃ 近くに加熱した電熱式水浴に浸け,撹拌棒を用いて時々かき混ぜながら 25 分間加熱する.加熱中に試験管を取り出すときは,試験管保持用ゴム板を使用し,火傷しないよう十分注意する.加水分解反応が進行すると,反応液は黄色から朱色に変化する.この間,加熱開始から 5 分経過時と 20 分経過時に,反応液 1 滴を小試験管に取る.これに 6 mol/L HCl 水溶液を 3 滴加えて振り混ぜ,内容物の変化を観察する.このとき沈殿が完全に溶解すれば,加水分解は完結したと判断できる.

反応が完結したら,反応混合物を水道流水で冷却した後,100 mL ビーカーに用意した冷水 30 mL の中に移す.このとき沈殿する生成物 (4-メトキシ-2-ニトロアニリン) を吸引ろ過で集める.さらに,ビーカーの内壁に残った生成物は用意した冷水 10 mL で洗い流し,できる限りブフナー漏斗のろ紙上に移す.その後,冷水 (1 回 10 mL) で 2 回結晶を洗浄する.次に生成物をろ紙上に移し,ろ紙の間に挟んで水分を除く.得られた朱色結晶の重さを測り,収率を算出する.また,実験 3.4.1

---

[19] 薄層クロマトグラフィーの操作法 (p.23) を熟読しておくこと.ここで分析する試料は感度よく検出されるので,試料濃度を低くして,しかも少量を薄層板に付けるよう注意する.
[20] それでも落ちにくいときは,6 mol/L HCl 水溶液を数滴加えてから,水道水で薄めて洗浄するとよい.

の出発物質である 4-メトキシアセトアニリドを基準とした収率を求める．さらにその一部で融点を測定する．文献値 123–126 ℃．

3.5 有機合成 III ―アセトアニリドの臭素化―

実験の概要

アルケンとは異なり，ベンゼンは臭素 Br_2 で処理しただけでは反応を起こさない．ここにルイス酸である $FeBr_3$ が存在してはじめて，ベンゼン環上の水素原子が臭素原子と置き換わる反応が進行する．この反応は芳香族求電子置換反応に分類される．

$$\text{C}_6\text{H}_6 + Br_2 \xrightarrow{FeBr_3} \text{C}_6\text{H}_5\text{-Br} + HBr$$

芳香族求電子置換反応は芳香環の電子が豊かになると進行しやすくなる．アセチルアミノ基は電子供与性であり，そのためアセトアニリドはこの臭素化反応を受けやすい．また，その反応はアセチルアミノ基の p 位で最も起こりやすい．すなわち，アセトアニリドは室温無触媒で Br_2 によって容易に臭素化され，4-ブロモアセトアニリドを生成する．

$$5\,KBr + KBrO_3 + 6\,HCl \longrightarrow 3\,Br_2\uparrow + 6\,KCl + 3\,H_2O \quad \text{反応1}$$

$$\text{C}_6\text{H}_5\text{-NHCOCH}_3 + Br_2 \longrightarrow Br\text{-C}_6\text{H}_4\text{-NHCOCH}_3 + HBr \quad \text{反応2}$$

アセトアニリド　　　　　　　　4-ブロモアセトアニリド

Br_2 は危険で取り扱いが難しい試薬であるため，本実習ではそれが反応 1 で生成すると，同一容器内で反応 2 によってすぐに消費されるよう工夫されている．

実験操作

臭化カリウム 0.7 g を 100 mL 三角フラスコに入れ，できるだけ少量の蒸留水に溶かす．次に，6 mol/L HCl 水溶液 2 mL とアセトアニリド 0.40 g を加えた後，酢酸 5 mL を加えてよく振り混ぜてアセトアニリドを溶かす．反応容器をクランプで固定して，肉厚ゴム管に付けた「曲がったプラスチック製の管」を反応容器の口に掛け，水流ポンプで吸引排気する（図 3.2）．[21] この状態で，臭素酸カリウム 0.2 g をできるだけ少量の蒸留水に溶かしたものをスポイトで少しずつ加え，そのつどよく振り混ぜる．Br_2 の淡黄色が 1〜2 分消えなくなるまで滴下を続け，それ以降 15 分間時々振り混ぜながら放置する．

---

[21] これはドラフトが利用できない場合の簡便な排気法である．

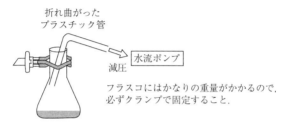

図 3.2　簡便な排気装置

　蒸留水 60 mL を加えた後，Br_2 の色がなくなるまで 1 mol/L チオ硫酸ナトリウム $Na_2S_2O_3$ 水溶液を滴下する．しばらく放置して結晶の沈降が完了したら，吸引ろ過で結晶を集める．結晶を 50 mL の蒸留水で洗った後，十分吸引する．

　次に，再結晶のための 20 % 酢酸（酢酸 6 mL を蒸留水 24 mL で希釈）を準備する．粗結晶を 100 mL 三角フラスコに入れ，20 % 酢酸 25 mL を加えてから，排気しながら電熱器上で静かに加熱して溶かす．このとき必要ならば 20 % 酢酸を追加する．あらかじめ温めたブフナー漏斗を用いて吸引ろ過する（熱時ろ過，参照：p.127，4-メトキシアニリンのアセチル化）．ろ液を冷却し，析出した結晶を吸引ろ過で集める．少量の蒸留水で洗浄した後，結晶を新しいろ紙 (No.1, 110 mm) の上に取り出し，これをもう 1 枚のろ紙で挟んでよく押しつけ水分を除く．結晶をスパチュラのくぼみに 1 杯程度分け取り，新しいろ紙に押しつけて十分乾かしてから，その一部で融点を測定する（参照：p.24，融点測定）．文献値 165–169 °C．残った結晶は風乾してから重さを測り，収率を求めた後，薬包紙に包んで記名提出する．

3.6 有機合成 IV －2-アミノ安息香酸の合成－

実験の概要

第1アミドはアルカリと塩素または臭素の作用によってイソシアナートに変換され，これを酸で処理すると炭素数の一つ少ない第1級アミンが得られる．この反応をホフマン (Hofmann) 転位と呼ぶ．

$$\underset{\text{第1アミド}}{R-\underset{\underset{NH_2}{|}}{\overset{\overset{O}{\|}}{C}}} \xrightarrow{NaClO} \left[\underset{}{R-\underset{\underset{H}{|}}{\overset{\overset{O}{\|}}{C}}-Cl}\right] \longrightarrow \underset{\text{イソシアナート}}{R-N=C=O} \xrightarrow[H_2O]{H^+} \underset{\text{第1級アミン}}{R-NH_2} + CO_2$$

本実習では，フタルイミドと次亜塩素酸ナトリウム NaClO を用いてこの反応を行い，2-アミノ安息香酸を合成する．2-アミノ安息香酸は一種のアミノ酸であり，その水に対する溶解度は pH に依存して変化する．すなわち，塩基性あるいは強酸性で水に易溶である一方，弱酸性で難溶である．この性質を利用して2-アミノ安息香酸の結晶を得る．

結晶を取り出した後の母液に溶けている 2-アミノ安息香酸をアセチル化すれば，生成する 2-アセトアミド安息香酸（*N*-アセチルアントラニル酸）は酸性で水に不溶であるため，これを結晶として得ることができる．本実習では，実験条件のわずかな違いによって，2-アミノ安息香酸が低収率で 2-アセトアミド安息香酸が高収率であったり，あるいはその逆に前者が高収率で後者が低収率であったりする．

実験操作

注意：本実習では NaOH を含む反応液を加熱するので，その取り扱いに十分注意すること．保護メガネを着用することは当然ながら，その熱い溶液が顔にかからない

ように特に注意すること．

3.6.1 　2-アミノ安息香酸の合成

　フタルイミド 2.0 g を入れた 100 mL 三角フラスコに 3 mol/L NaOH 水溶液 15 mL を加え，よく振り混ぜてその大部分を溶かす．この溶液に約 5％ NaClO 水溶液を発熱に注意しながら少しずつ加え，そのつどよく振り混ぜる．この操作中，三角フラスコの口を自分や他人に向けてはいけない．反応液が淡褐色を呈するまで NaClO 水溶液[22] を加え（通常 6〜7 mL），その量を記録する．

　反応容器を電熱式水浴に入れ，クランプで固定する．肉厚ゴム管に付けた「曲がったプラスチック製の管」を反応容器の口に掛け，水流ポンプで吸引排気しながら 100 ℃ 近くで 5 分間加熱する（参照：p.135，図 3.2 簡便な排気装置）．NaClO 水溶液を入れ過ぎていると反応溶液が黒褐色になる．このような場合，操作をはじめからやり直す．

　反応溶液を室温まで放冷した後，氷水中で冷却する．これに 6 mol/L HCl を発泡が収まるまで滴下する（通常 6〜7 mL）．このとき激しく発泡するので，十分注意してよくかき混ぜながら少量ずつ加えること．さらに，万能 pH 試験紙（参照：p.10，pH 試験紙）を用いて pH 3〜4 付近になるまで，6 mol/L HCl 水溶液をよくかき混ぜながら滴下する．この pH 域を超えると 2-アミノ安息香酸は溶解するので，HCl 水溶液を入れ過ぎないよう注意する．沈殿を吸引ろ過で集め，少量の蒸留水で洗う．ろ液と洗浄液は合わせて，次の実験 3.6.2 のため保存しておく（溶液①）．

　沈殿を数 mL の蒸留水中に分散し，これが溶解するまで 6 mol/L HCl 水溶液をよくかき混ぜながら滴下する（通常 1〜2 mL）．得られた溶液に少量の活性炭を加え，5 分間かき混ぜた後，吸引ろ過する．この操作で溶液に微量に含まれる着色物質は除かれる．

　次に，万能 pH 試験紙を用いて pH 3〜4 になるように，ろ液に 3 mol/L NaOH 水溶液を 1 滴ずつ加え，そのつどよくかき混ぜる．これを氷水中で冷却して結晶を十分析出させる．

　結晶を吸引ろ過で集め，少量の蒸留水で洗う．このときのろ液と洗浄液も溶液①に加える．結晶はろ紙に挟んで十分乾かした後，重さを測り収率を求める．これを

---

[22] 試薬が劣化している場合，反応が進行しないことがある．そのようなときは速やかに担当者に報告し，試薬を交換すること．

3.6.2 2-アセトアミド安息香酸の合成

実験 3.6.1 で使用した漏斗などに付着した 2-アミノ安息香酸を溶液①で，100 mL 三角フラスコに洗い込む．これが濃く着色しているときは，ブフナー漏斗のろ紙上に作った活性炭の層を通して吸引ろ過する．この層は活性炭大さじ 1 杯を蒸留水とかき混ぜ，吸引ろ過して作る．このとき，ろ過の受器を新しいものに換えておく．

2-アミノ安息香酸を含む溶液に無水酢酸 3 mL を加え，直ちに酢酸ナトリウム 3 g を加えて 5〜10 分間よくかき混ぜる．次に，万能 pH 試験紙を用いて pH 3〜4 になるように 6 mol/L HCl 水溶液をよくかき混ぜながら滴下する．氷水中で冷却して析出した粗 2-アセトアミド安息香酸を吸引ろ過で集め，蒸留水で洗浄する．

粗 2-アセトアミド安息香酸をできるだけ少量の蒸留水に加熱溶解させる．沸騰状態でも沈殿が残っていれば，加熱しながら蒸留水を少しずつ加えて，沈殿を溶解させる．あらかじめ温めたブフナー漏斗を用いて吸引ろ過する（熱時ろ過，参照：p.127，4-メトキシアニリンのアセチル化）．ろ液を冷却し，析出した結晶を吸引ろ過で集める．少量の蒸留水で洗浄した後，結晶をろ紙の間に挟んで乾かす．重さを測り，フタルイミドからの収率を求める．薬包紙に包んで記名提出する．

2-アミノ安息香酸の溶解度

本実習では，2-アミノ安息香酸と 2-アセトアミド安息香酸の水溶液の pH を調節してそれらの結晶を得たが，ここではその操作の意味を考えてみよう．ある物質の水溶液の pH をその物質の pK_a に合わせたとき，その物質の解離形と非解離形の濃度が等しくなる．この事実を踏まえて，下の解離平衡式が見てみよう．2-アセトアミド安息香酸は中性以上の pH で完全にカルボキシラートイオンとなり，その結果，水に溶解する．ところが，pH 4 以下では非解離形となり水に難溶となることがわかる．

$$\text{2-CO}_2\text{H-C}_6\text{H}_4\text{-NHCOCH}_3 \underset{}{\overset{pK_a\ 5.64}{\rightleftarrows}} \text{2-CO}_2^--\text{C}_6\text{H}_4\text{-NHCOCH}_3$$

一方，2-アミノ安息香酸は pH に依存して三つの構造をとる．すなわち，pH 1 以

下では完全にアンモニウムイオンとなって，また pH 6 以上では完全にカルボキシラートイオンとなって水に溶解する．一方，pH 3～4 の領域では主として非解離形となり，水に難溶となる．

$$\text{o-}C_6H_4(NH_3^+)(CO_2H) \underset{}{\overset{pK_a\ 1.97}{\rightleftarrows}} \text{o-}C_6H_4(NH_2)(CO_2H) \underset{}{\overset{pK_a\ 4.79}{\rightleftarrows}} \text{o-}C_6H_4(NH_2)(CO_2^-)$$

以上のように，2-アセトアミド安息香酸の結晶を得る際には十分酸性になっていればよい一方，2-アミノ安息香酸の場合には，十分注意して pH を調整しなければならない．

付録 A

無機定性分析実験におけるイオン分離の原理

　水に対して塩化銀 AgCl は難溶である一方，塩化バリウム $BaCl_2$ は易溶である．この知識だけで，Ag^+ と Ba^{2+} を含む水溶液に塩化ナトリウム NaCl 水溶液を加えて AgCl だけを白色固体として析出させる実験の理屈は一応理解できる．しかし，無機定性分析実験のイオン分離について体系的に理解するためには，それぞれの物質の溶解度に加えて，化学平衡に関する理論を理解することが必要となる．

　なお，これ以降の説明で 10^{-2} mol/L と 10^{-5} mol/L という濃度が再三示されるが，これらは分析されるイオンの試料中の濃度（10^{-2} mol/L，沈殿前）と沈殿後に溶存するイオンの濃度（10^{-5} mol/L）として想定した値であり，実際の実験でもこの程度の値となっている．

A.1　溶解度積と共通イオン効果

　固体の AgCl が水に溶けて，次の平衡が成り立っている場合を考えてみよう．

$$AgCl_{(s)} \rightleftharpoons Ag^+_{(aq)} + Cl^-_{(aq)} \tag{A.1}$$

式中の (s) は solid（固体）を，(aq) は aqueous（水溶液中）を意味する．化学平衡の理論によれば，この場合，次の関係式が成り立つ．

$$\frac{[Ag^+][Cl^-]}{[AgCl_{(s)}]} = 一定 = K \tag{A.2}$$

ここで K は平衡定数であり，温度が変化すれば変わるが，平衡に達するまでの時間や反応物質と生成物質の初濃度には関係なく一定の値を取る．また，[　] は $AgCl_{(s)}$，$Ag^+_{(aq)}$，$Cl^-_{(aq)}$ の濃度 (mol/L) を表す．

　この場合のように平衡定数を表す式に固体の濃度が含まれるとき，それを一定として平衡定数の中に含めることができる．したがって，式 A.2 は次のように書き換

えることができる．

$$[Ag^+][Cl^-] = K_{sp} \tag{A.3}$$

この K_{sp} は**溶解度積**と呼ばれる溶解平衡定数である．AgCl の K_{sp} は 25 ℃ で 1.77×10^{-10} と実験的に決定されている（表 A.1）．純水に AgCl が溶ける場合，生成する Ag^+ と Cl^- の濃度は等しく，下の関係が成り立つ．

$$[Ag^+] = [Cl^-] \tag{A.4}$$

式 A.4 を式 A.3 に代入すれば，$[Ag^+]$ が計算できる．

$$K_{sp} = [Ag^+]^2 = 1.77 \times 10^{-10}$$
$$[Ag^+] = (1.77 \times 10^{-10})^{1/2} = 1.33 \times 10^{-5} \mathrm{mol/L}$$

すなわち，AgCl の飽和溶液 1 L 中には，1.33×10^{-5} mol の Ag^+ と Cl^- が含まれていることになる．

次に，この AgCl 飽和溶液に，$[Cl^-] = 10^{-3}$ mol/L となるまで Cl^- を加えた場合を考える．外部から Cl^- を加えると，ルシャトリエ (Le Chatelier) の平衡移動の法則に従って，反応式 A.1 の平衡は左に移動する．すなわち，AgCl が新たに沈殿し，$[Ag^+]$ は減少する．この変化の中でも K_{sp} の値は一定（1.77×10^{-10}）であることに注意しよう．新しい平衡状態に達したとき，$[Ag^+]$ は次のように計算される．

$$K_{sp} = [Ag^+][Cl^-] = [Ag^+] \times 10^{-3} = 1.77 \times 10^{-10}$$
$$[Ag^+] = (1.77 \times 10^{-10})/10^{-3} = 1.77 \times 10^{-7} \mathrm{mol/L}$$

すなわち，Cl^- の追加によって Ag^+ の濃度は 1.33×10^{-5} mol/L から 1.77×10^{-7} mol/L まで，約 1/75 に低下する．このように，沈殿が電離して生成するイオンのどちらか一つのイオンを，沈殿を含む溶液に加えることによって，沈殿の溶解度が低下する現象を**共通イオン効果**と呼ぶ．

以上の考察から，加える Cl^- の量が多ければ多いほど，溶液中に残る Ag^+ の量が少なくなり，完全に Ag^+ を沈殿させることができると予想される．しかし，実際には 10^{-2} mol/L の Ag^+ を沈殿させるには，Cl^- を当量の 1.1 倍程度だけ加えるべきである．たとえば，10^{-2} mol/L の Ag^+ を含んだ溶液にそれぞれ①$10^{-2}$ mol/L，②$1.1 \times 10^{-2}$ mol/L の Cl^- を加える場合の沈殿量を溶解度積を用いて計算してみ

表 A.1　第 I 属カチオンの化合物の溶解度積（25 ℃）

化合物	K_{sp}	化合物	K_{sp}
$PbCl_2$	1.70×10^{-5}	$PbSO_4$	2.53×10^{-8}
$PbCrO_4$	3×10^{-13}	Hg_2Cl_2	1.43×10^{-18}
$Pb(OH)_2$	1.1×10^{-20}	$AgCl$	1.77×10^{-10}
PbS	3×10^{-28}		

よう．①では Ag^+ の約 99.87 ％が沈殿すると計算される一方，②では 99.998 ％となり，定性分析実験の立場からは，これで十分であることがわかる．また，過剰の沈殿試薬はそれ以降の分析操作での不都合や，予期しない副反応を起こすおそれがある．たとえば，加え過ぎた Cl^- は $AgCl$ と反応して，可溶性の錯イオン $AgCl_2^-$ を作り，沈殿が溶け出すことになる．結論として，反応上澄み液に少しずつ沈殿試薬を加えて，新しく沈殿が生成しなくなったところを当量点と判断して，これにごく少量の沈殿試薬を加えるのが適当である．

A.2　水酸化物の溶解度と溶液の pH

難溶性の水酸化物の溶解度は溶液の pH に強く依存する．反応式 A.5 に示す水酸化鉄 $Fe(OH)_3$ の平衡を例に取って，この関係を考えてみよう．

$$Fe^{3+}_{(aq)} + 3OH^-_{(aq)} \rightleftharpoons Fe(OH)_{3(s)} \tag{A.5}$$

この場合 OH^- が沈殿試薬であり，$Fe(OH)_3$ の溶解度積（$K_{sp} = 2.79 \times 10^{-39}$）とイオン濃度の間には次の関係が成り立つ．

$$K_{sp} = [Fe^{3+}][OH^-]^3 = 2.79 \times 10^{-39} \tag{A.6}$$

式 A.6 の両辺の対数を取ると，式 A.7 となる．

$$\log K_{sp} = \log[Fe^{3+}] + 3\log[OH^-] \tag{A.7}$$

一方，水溶液では水素イオンと水酸化物イオンに関して式 A.8 が成り立ち，それは式 A.9 に変換される．

$$K_w = [H^+][OH^-] = 10^{-14} \tag{A.8}$$

$$\log[H^+] + \log[OH^-] = -14 \tag{A.9}$$

ここで pH = −log[H$^+$], pOH = −log[OH$^−$] と定義すると，次式が得られる．

$$\text{pH} + \text{pOH} = 14 \tag{A.10}$$

また，溶解度積についても同様に p$K_{\rm sp}$ = −log $K_{\rm sp}$ を定義すると，Fe(OH)$_3$ については p$K_{\rm sp}$ = 38.6 である．以上の関係を式 A.7 に代入して整理すると，式 A.11 が得られる．

$$\begin{aligned} \log[\text{Fe}^{3+}] &= 3 \times 14 - 3\text{pH} - \text{p}K_{\rm sp} \\ &= 3.4 - 3\text{pH} \end{aligned} \tag{A.11}$$

式 A.11 から，Fe^{3+} からの沈殿形成に関して次のようなことがわかる．

(1) Fe^{3+} 溶液に OH$^−$ を加えて Fe(OH)$_3$ を沈殿させ，上澄みの pH を測定したところ pH = 7 であったとすれば，溶液中に残存する Fe^{3+} の濃度は次のように計算される．

$$\log[\text{Fe}^{3+}] = 3.4 - 3 \times 7 = -17.6$$
$$[\text{Fe}^{3+}] = 10^{-17.6} = 2.51 \times 10^{-18} \text{mol/L}$$

言い換えれば，pH = 7 になるまで OH$^−$ を加えれば，溶液中の Fe^{3+} は完全に沈殿したと言える．

(2) Fe^{3+} 溶液 (10^{-2} mol/L) に OH$^−$ を加えて Fe(OH)$_3$ を沈殿させ，溶液中に残存する Fe^{3+} の濃度を 10^{-5} mol/L とするとき，その溶液の pH は次のように 2.8 と計算される．

$$-5 = 3.4 - 3\text{pH}, \qquad \text{pH} = 2.8$$

言い換えれば，このとき Fe^{3+} の 0.1 ％が溶存して，99.9 ％が Fe(OH)$_3$ として沈殿することになり，定性分析実験ではこれで「完全に」沈殿したと言える．

次に Al^{3+} について考えてみよう．Al(OH)$_3$ については p$K_{\rm sp}$ = 33.5 と測定されており，この値を用いて上と同様に式 A.12 を立てる．

$$\log[\text{Al}^{3+}] = 8.5 - 3\text{pH} \tag{A.12}$$

すると，溶液中に残存する Al^{3+} の濃度を 10^{-5} mol/L とする pH は 4.5 と計算される．ここまでの式の誘導と計算を自分でもやってみよう．この 4.5 が沈殿生成の

際に設定する pH の下限と考えられる．さらに，Al^{3+} については次の錯イオン形成の問題があり，pH の上限も議論する必要がある．

A.3 両性水酸化物の溶解度と pH

水酸化アルミニウム $Al(OH)_3$ に OH^- を加えると次の反応が起こり，$Al(OH)_3$ の沈殿が溶解する．

$$Al(OH)_{3(s)} + OH^-_{(aq)} \rightleftharpoons Al(OH)^-_{4(aq)} \tag{A.13}$$

このような反応を起こす水酸化物を両性水酸化物と呼び，これについてもイオン平衡の考え方を適用して，その溶解度と pH の関係を導くことができる．反応式 A.13 に対する平衡定数 K' は次のように書ける．

$$K' = \frac{[Al(OH)^-_4]}{[Al(OH)_{3(s)}][OH^-]} \tag{A.14}$$

固体の濃度は一定とみなせるので，これを式 A.14 の左辺 K' に含めて $K'[Al(OH)_{3(s)}] = K$ と表すと，次式のように書き改めることができる．

$$K = \frac{[Al(OH)^-_4]}{[OH^-]} \tag{A.15}$$

水溶液中では，$[H^+][OH^-] = 10^{-14}$ が常に成り立つから，式 A.15 は式 A.16 に変換できる．

$$K = \frac{[Al(OH)^-_4][H^+]}{10^{-14}} \tag{A.16}$$

次に，式 A.16 に基づき，$K \times 10^{-14}$ を K_a とすると，式 A.17 となる．

$$K_a = [Al(OH)^-_4][H^+] \tag{A.17}$$

この K_a は次の反応式 A.18 の平衡定数に相当し，$Al(OH)_3$ の飽和水溶液中における $Al(OH)_3$ の酸としての電離定数と考えることができ，それは実験的に $10^{-12.4}$ と決定されている．

$$Al(OH)_{3(s)} + H_2O \rightleftharpoons Al(OH)^-_4 + H^+ \tag{A.18}$$

式 A.17 の両辺の対数を取り，整理すると式 A.19 が得られる．

$$\log K_a = \log [\mathrm{Al(OH)_4^-}] + \log [\mathrm{H^+}]$$
$$\log [\mathrm{Al(OH)_4^-}] = \log K_a - \log [\mathrm{H^+}]$$
$$= \mathrm{pH} - 12.4 \tag{A.19}$$

式 A.19 から，溶液中に溶けている $\mathrm{Al(OH)_4^-}$ の濃度を 10^{-5} mol/L にする pH は 7.4 であると計算される．

以上総合すると，$\mathrm{Al^{3+}}$ の定性分析において $\mathrm{Al(OH)_3}$ の沈殿を完全に作るためには，pH を約 4.5〜7.4 に保つことが肝要であることがわかる．

A.4　硫化物沈殿によるカチオンの分離

第 II 属カチオンと第 IV 属カチオンは，いずれも硫化物イオン $\mathrm{S^{2-}}$ と反応して難溶性の硫化物を作る．[1] しかし，溶液の pH が低い場合，第 IV 属カチオンの硫化物は沈殿せず，第 II 属カチオンの硫化物だけが沈殿し，この差を利用して両者を分離できる．これは溶液中の $\mathrm{S^{2-}}$ の濃度が $\mathrm{H^+}$ の濃度に依存して変化するためであり，ここでは溶液の pH を調節することによって，どのようにして第 II 属カチオンだけをうまく沈殿できるか具体的に示す．

A.4.1　硫化物の溶解度と硫化物イオンの濃度

第 II 属，第 IV 属カチオンの硫化物の $\mathrm{p}K_{\mathrm{sp}}$ を表 A.2 に示す．ここでは，第 II 属硫化物の中で $\mathrm{p}K_{\mathrm{sp}}$ が最も小さい SnS ($\mathrm{p}K_{\mathrm{sp}} = 26$) と，第 IV 属硫化物の中で最も大きい CoS ($\mathrm{p}K_{\mathrm{sp}} = 21.3$) を取り上げ，この $\mathrm{p}K_{\mathrm{sp}}$ 値の差で実際分離できるか確かめてみる．今，$\mathrm{Sn^{2+}}$ (0.01 mol/L) と $\mathrm{Co^{2+}}$ (0.01 mol/L) を含む水溶液に $\mathrm{S^{2-}}$ を加える実験を考えてみよう．まず，$\mathrm{Sn^{2+}}$ だけを SnS として沈殿させる $\mathrm{S^{2-}}$ の濃度を計算する．

$$[\mathrm{Sn^{2+}}][\mathrm{S^{2-}}] = K_{\mathrm{sp}}$$
$$\log [\mathrm{Sn^{2+}}] + \log [\mathrm{S^{2-}}] = \log K_{\mathrm{sp}}$$
$$\log [\mathrm{S^{2-}}] = -\mathrm{p}K_{\mathrm{sp}} - \log [\mathrm{Sn^{2+}}] \tag{A.20}$$

---

[1] 第 III 属カチオンの一部 ($\mathrm{Fe^{2+}}$) には $\mathrm{S^{2-}}$ と反応して難溶性の硫化物を作るものもあるので，厳密にはそれらを含めて議論すべきである．しかし，説明を単純にするために，ここではそれについて言及しない．

表 A.2 金属硫化物の pK_{sp}

属	硫化物	pK_{sp}	属	硫化物	pK_{sp}
II	Bi_2S_3	71.8	IV	FeS	18.4
	HgS	53.8		CoS	21.3
	CuS	36.1		NiS	20.5
	PbS	28.2		ZnS	20
	CdS	28		MnS	15.2
	SnS	26			

ここで，溶液中に残存する Sn^{2+} の濃度を 10^{-5} mol/L とすれば，式 A.20 に pK_{sp} = 26, $\log[Sn^{2+}]$ = −5 を代入して，$[S^{2-}] = 10^{-21}$ mol/L と計算できる．このとき CoS が沈殿するかしないかは，次式から確かめられる．

$$\log[Co^{2+}] = -pK_{sp} - \log[S^{2-}] \tag{A.21}$$

すなわち，式 A.21 に pK_{sp} = 21.3, $\log[S^{2-}]$ = −21 を代入すれば，$[Co^{2+}] = 10^{-0.3}$ mol/L と計算できる．これは 0.5 mol/L であり，Co^{2+} の初濃度 (0.01 mol/L) より十分大きいから，CoS は沈殿しないことがわかる．

3 価カチオンである Bi^{3+} では，溶解度積の式においてイオン濃度の次数が異なるので，別途確かめる必要がある．上の条件 ($[S^{2-}] = 10^{-21}$ mol/L) で沈殿するか考えてみよう．Bi_2S_3 の溶解度積については，$[Bi^{3+}]^2[S^{2-}]^3 = 10^{-71.8}$ の関係がある．ここに $[S^{2-}] = 10^{-21}$ を代入すれば，次のように計算できる．

$$[Bi^{3+}]^2 = 10^{-71.8}/(10^{-21})^3 = 10^{-8.8}$$
$$[Bi^{3+}] = 10^{-4.4} = 4 \times 10^{-5} \text{ mol/L}$$

すなわち，溶液中に残存する Bi^{3+} の濃度はきわめて低く，Bi_2S_3 はほぼ完全に沈殿すると結論できる．

以上の計算をその他の第 II 属カチオンと第 IV 属カチオン（Fe^{2+} も含めて）について実施すると，溶液の S^{2-} 濃度を 10^{-21} mol/L に調節すれば，Hg^{2+}, Bi^{3+}, Sn^{2+}, Cd^{2+}, Pb^{2+}, Cu^{2+} は硫化物となって沈殿し，他方 Co^{2+}, Ni^{2+}, Zn^{2+}, Fe^{2+}, Mn^{2+} は硫化物の沈殿を作らないことがわかる．表 A.2 に示した値を用いて各自で計算して確かめてみよう．

A.4.2　硫化物イオンの濃度と溶液の pH

溶液中の S^{2-} 濃度の調節についての考えは，先の Fe^{3+} の項目で OH^- 濃度が pH に依存することを説明した内容と基本的には同じである．しかし，ここには式 A.22 と式 A.23 で示す 2 段階の電離平衡が存在することに注意しなければならない．これから，S^{2-} 濃度を所定の 10^{-21} mol/L にどのように調節するか考える．

$$H_2S \rightleftharpoons H^+ + HS^-, \quad K_1 = [H^+][SH^-]/[H_2S] = 1.0 \times 10^{-7} \quad (A.22)$$

$$HS^- \rightleftharpoons H^+ + S^{2-}, \quad K_2 = [H^+][S^{2-}]/[HS^-] = 1.3 \times 10^{-13} \quad (A.23)$$

式 A.22 と式 A.23 をまとめると，式 A.24 が得られる．

$$H_2S \rightleftharpoons 2H^+ + S^{2-}, \quad K = K_1 K_2 = [H^+]^2[S^{2-}]/[H_2S] = 1.3 \times 10^{-20} \quad (A.24)$$

式 A.24 の分母 $[H_2S]$ は，気体である硫化水素 H_2S を溶液中に吹き込み飽和させたとき，電離せずに溶けている H_2S の濃度 (mol/L) を示す．この $[H_2S]$ の値は 1 気圧，25 ℃ で約 0.1 mol/L と測定されていて，これは溶液の組成によってあまり変化しない．すなわち，酸性・アルカリ性や塩類の有無にかかわらずほぼ一定であるので，式 A.24 は次のようになる．

$$[H^+]^2[S^{2-}] = 1.3 \times 10^{-21} \quad (A.25)$$

式 A.25 を対数に変換して，$-\log[H^+] = $ pH を代入すれば式 A.26 となる．

$$\log[S^{2-}] \cong -21 + 2\text{pH} \quad (A.26)$$

所定の濃度は 10^{-21} mol/L であるから，$\log[S^{2-}] = -21$ を式 A.26 に代入すれば，pH $\cong 0$ と計算できる．すなわち，溶液の pH を 0 に保ちながら，試料溶液に硫化水素を吹き込めば，第 II 属カチオンの分離に適切であると結論できる．この結論は，0.3 mol/L 塩酸酸性という実際の実験条件，pH に換算して約 0.5 という値にほぼ一致している．

以上の硫化物イオンについての議論を炭酸イオン CO_3^{2-} に対して行えば，第 V 属カチオンの炭酸塩沈殿のイオン平衡を説明することができる．その詳細については，参考図書『無機定性分析実験』を参照してもらいたい．

付録B

物質の色

　無機定性分析実験では着色物質を生成させて金属イオンの確認を行い，また，容量分析実験では指示薬の色の変化で滴定の終点を求めた．一方，有機化学実験では着色化合物の生成による官能基の定性を行い，色素と蛍光物質を合成し，それらの性質を調べた．このように目に見える色の変化を観測して化学実験を進めることが多い．ここでは物質が呈する色と物質の構造の関連について解説する．

B.1　可視光と物質の色

　光は電磁波の一種であり，目に見える光すなわち可視光はある波長（あるいは周波数）領域にある電磁波であり，波長と色の関係を表B.1に示す．可視光より短波長の電磁波が紫外線であり，長波長の電磁波が赤外線である．

　ある物質が赤の光を発すれば，それは赤色を呈する．逆に，赤の光を吸収するときの呈色を図B.1の加色混合モデルで考えてみる．赤 (R)，緑 (G)，青 (B) は光の3原色と呼ばれ，これをすべて混合すると白色になる．今，白色光から赤の光を除くと，赤の補色である青緑を呈することになる ($C = W - R$)．

　物質が色づくには次の二つの場合があることに注意しよう．第1は光を発する場合であり，それには以下に説明する炎色反応や蛍光がある．また，ホタルの光やル

表B.1　可視光の波長と補色

	波長 (nm)	補色		波長 (nm)	補色
紫	380〜435	黄緑	黄緑	560〜580	紫
青（B：ブルー）	435〜480	黄	黄（Y：イエロー）	580〜595	青
緑青	480〜490	橙	橙	595〜605	緑青
青緑（C：シアン）	490〜500	赤	赤（R：レッド）	605〜750	青緑
緑（G：グリーン）	500〜560	赤紫	赤紫（M：マゼンタ）	750〜780	緑

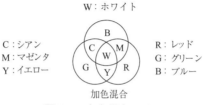

図 B.1　加色混合モデル

ミノール反応のような化学反応に伴う発光（化学発光）もある．これらの場合，人は発光の波長に対応する色を感じる．第2は，物質が自然光（白色光）の一部を吸収して，吸収された光と補色の関係にある光を反射あるいは透過して，この色を人が感じる場合である．たとえばクロロフィルは400〜500 nm（青）と600〜700 nm付近（赤）の光を強く吸収する一方，それらの中間領域 (500〜600 nm) の光（緑）を吸収しない．そのため緑色に見える．

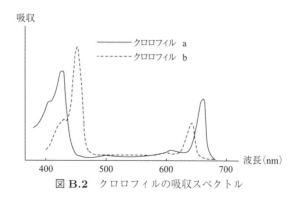

図 B.2　クロロフィルの吸収スペクトル

電磁波のエネルギーは下の式で示すように，その周波数（あるいは波長）と対応づけられる．可視光あるいは紫外線のエネルギーは，物質の電子構造の変化に対応する．すなわち，物質の電子構造が変化したとき，その物質は光を発したり吸収したりする．また，物質の振動エネルギーはそれに比べ小さく，赤外線の吸収に対応する．

$E = h\nu$　　E：エネルギー，　h：プランク定数，　ν：周波数

$c = \lambda\nu$　　c：光速，　λ：波長

B.2　原子の電子構造と炎色反応

　原子は，正電荷を持ち原子の質量のほとんどを占める原子核と，そのまわりを取り囲む負電荷を持った電子からできあがっている．電子は粒子としての性格だけではなく，波動としての性格を有しており，これをもとに電子の運動を考察すると，電子は原子核を取り巻く軌道（オービタル），すなわち原子軌道に収容されることがわかる．これが量子力学と呼ばれる理論の成果である．軌道のエネルギーは連続ではなく，とびとびである．その軌道のエネルギーは原子核から遠ざかるほど高くなり，また，一つの軌道には電子2個まで収容される．

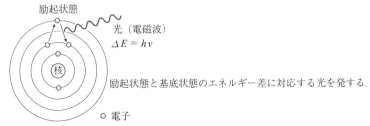

図 B.3　原子軌道と炎色反応

　アルカリ金属やアルカリ土類金属の塩（主に塩化物）をガスバーナーの炎の中に入れて強く熱すると，気化して金属原子が生じる．そのとき，強熱によって原子中の低いエネルギーの軌道に収容されていた電子が高いエネルギーの軌道に移る（励起する）．この状態は不安定で，励起された電子はもとに戻るが，このとき，二つの状態間のエネルギー差に相当するエネルギーを光（炎色）として放出する．この炎色はその元素固有の，きわめて幅の狭い振動数（あるいは波長）のいくつかの光（電磁波）からなっており，これを輝線スペクトルと呼ぶ．このことは原子軌道のエネ

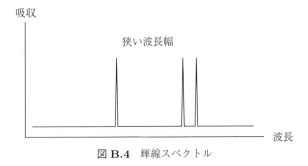

図 B.4　輝線スペクトル

ルギーがとびとびである（これを量子化されているという）ことと直接関連づけられる．

B.3　分子の電子構造と吸収スペクトル

　原子と原子が結合を作る際には，まず原子の軌道と原子の軌道が重なって分子の軌道が形成される．原子の軌道と同様に分子の軌道にもエネルギーの低いものから高いものがあり，低いほうから順次電子が収まって結合が作られる．電子が入っていない軌道を空軌道と呼ぶ．

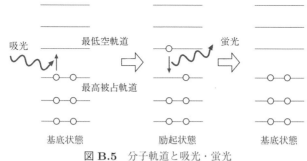

図 **B.5**　分子軌道と吸光・蛍光

　今，電子の収まっている軌道の中で最もエネルギーの高い軌道（HOMO：最高被占軌道）と最もエネルギーの低い空軌道（LUMO：最低空軌道）のエネルギー差に対応する光や熱が与えられると，そのエネルギーを吸収して前者にあった電子は後者に励起される．光のエネルギーを吸収することによって電子が励起されることを**吸光**と呼ぶ．一般にはこのエネルギー差は大きく，可視光ではなく紫外線に対応する．そのため，無色の物質が多い．しかし，以下に説明する遷移金属錯体や有機色素分子のように分子が特別な構造を有しているとき，そのエネルギー差は小さくなり，可視光を吸収して着色するようになる．次に，励起された電子は，そのエネルギーを一般には熱エネルギーに変えてもとの基底状態に戻り，この過程は無輻射遷移と呼ばれる．しかし，環構造のような特別な分子構造を有していると，光としてそのエネルギーを放出して基底状態に戻ってくる場合があり，これを**蛍光**と呼ぶ．

　輝線スペクトルとなる原子の場合と異なり，分子による電磁波の吸収は一般には幅広い吸収帯を与える．電子構造の観点からは一つの基底状態から一つの励起状態への遷移であるが，それぞれの状態には振動運動の観点からは多数の状態が存在する．

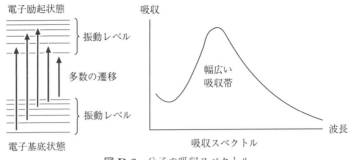

図 B.6　分子の吸収スペクトル

振動レベルの下には分子の回転レベルのエネルギー準位がさらに存在する．つまり，多数存在する準位それぞれから多数存在する準位それぞれへの遷移がある．その結果，電子遷移エネルギーはかなりの幅を持つことになり，幅広い吸収帯を与えることになる．

B.4　色素と蛍光

単純な有機分子では HOMO-LUMO 間の電子遷移に必要なエネルギーは大きく，紫外線のエネルギーに対応する．しかし，共役二重結合が長く伸びると可視光のエネルギーで電子遷移が起こるようになる．にんじんなどの緑黄色野菜に含まれる β-カロテンの分子構造がその代表例である．

β-カロテン，赤

共役二重結合の直線的な伸張以外にも，可視光を吸収する有機分子の構造があり，これを発色団と呼ぶことがある．実験で合成したメチルレッドとメチルオレンジには，二つのベンゼン環を結ぶアゾ基 (-N=N-) があり，この構造が可視光を吸収する．ベンゼン環上のアミノ基とカルボキシ基あるいはスルホ基は，それら分子の電子構造を微妙に変化させ，その結果これら色素の色合いが異なってくる．また，酸性条件では水素イオン（プロトン）が付加し，それによって電子遷移エネルギーが変化し，色合いが変化する．

BT 指示薬や NN 指示薬（p.94 に記載した化学構造を参照）が Mg^{2+} あるいは Ca^{2+} とキレート化合物を形成して色合いが変化するのも上と同様に，それら色素

分子の電子構造が微妙に変化するためである．

　フェノールフタレインのアルカリ性での構造には，p-キノイド構造と呼ばれる発色団があり，これがアルカリ性で赤色を呈する要因となる．ところが，酸性になるとフェノールフタレインの構造は劇的に変化する．すなわち，分子中央でラクトン（分子内エステル）環が形成され，この構造がなくなる．その結果，紫外線は吸収するが，可視光は吸収されなくなり無色となる．

　吸光と蛍光に関わる電子構造の変化をもう少し詳しく見てみよう．この過程は図B.7に示すように，［電子基底状態（低振動）］$\xrightarrow{吸光}$［電子励起状態（高振動）］$\xrightarrow{振動緩和}$［電子励起状態（低振動）］$\xrightarrow{蛍光}$［電子基底状態（高振動）］$\xrightarrow{振動緩和}$［電子基底状態（低振動）］と進む．図B.7左から明らかなように，蛍光のエネルギーは吸光のそれより小さい．すなわち，蛍光は吸光より長波長となる．

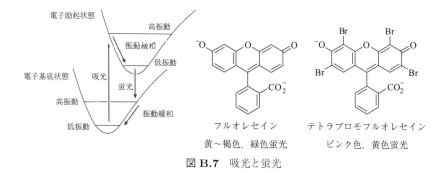

図 **B.7**　吸光と蛍光

B.5 無機沈殿の色

電子が収まる軌道について，多数個の原子が三次元的に配列した結晶では，含まれる原子の個数分のエネルギー準位が密集して，それらは連続したエネルギーバンドとみなせるようになる．エネルギーバンドの形状や配置，電子の詰まり方の違いから，無機化合物の多様な物性が生じることになる．図 B.8a のように，エネルギーバンドの途中まで電子が詰まっている場合は，同じバンド中の任意の準位への励起が可能であるので，きわめて幅広い波長範囲の光を吸収することとなり，その結果，このような物質は黒く見える．また，それらはそのまま伝導電子として動けるため，良導体となることが多い．黒鉛がその例である．

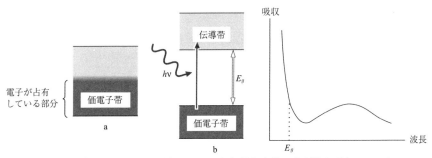

図 B.8 エネルギーバンドの構造 (a, b) と無機化合物の典型的な吸収スペクトル

一方，b のようにエネルギーバンド（価電子帯）が完全に満たされて，上方のバンド（伝導帯）との間に隔たり（ギャップエネルギー，E_g）がある物質もある．このような場合，価電子帯から伝導帯へ電子を励起するためには，そのギャップエネルギーに対応する波長より短波長の光が必要となる．このときエネルギーギャップが広く，吸収される光が紫外光領域にある場合には，その物質は無色透明となる．ただし，沈殿のような微粒子状の結晶では，光は表面で乱反射されるため，白色に見える．これが可視光領域にある場合には，E_g に対応した波長より短波長の光を吸収するようになり，その物質は吸収光の補色に着色して見える．また，このような物質は電気的には絶縁体〜半導体的である．金属硫化物の場合，エネルギーバンドの状態は金属の種類によって多様に変化する．たとえば，CuS（黒色），MnS（桃色），ZnS（白色）のように，多彩な色の変化が観測される．また，格子欠陥や金属不純物の混入がある場合には，新たな不純物準位の生成により着色することもある．このよく知られた例として，宝石や着色ガラスがある．

付録 C

原子スペクトル分析

　原子による光の吸収や放射を利用して，定性・定量分析を行う方法を原子スペクトル分析法と呼ぶ．光の吸収と放射のどちらを利用するか，測定試料中の分析対象元素をどのような方法で原子化するかによって，原子スペクトル分析法は次のように分類される．

(1) 原子吸光分析法：
　　化学炎原子吸光分析法，黒鉛炉原子吸光分析法，
　　還元気化原子吸光分析法，水素化物発生原子吸光分析法
(2) 原子発光分析法：
　　炎光分析法，誘導結合プラズマ発光分析法，アーク放電発光分析法，
　　スパーク放電発光分析法
(3) 原子蛍光分析法：
　　化学炎原子蛍光分析法，黒鉛炉原子蛍光分析法

　基底状態-励起状態間の遷移と光の吸収と放射の関連をもとにすると，原子吸光，原子発光，原子蛍光の違いはエネルギー準位図（図 C.1）を用いて次のように表される．

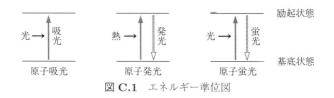

図 C.1　エネルギー準位図

　ただし，発光と蛍光に伴う遷移は基底状態へのものだけでなく，高い励起状態から低い励起状態への遷移のときもある．

基底状態にある原子は，その原子に特有の波長の光を吸収して励起状態に遷移する．原子吸光分析法では，この現象を利用して元素を定量する．試料の原子化には，空気－アセチレン混合ガスなどの燃焼化学炎，試料溶液を滴下した黒鉛炉の電気的加熱，試薬による金属イオンの還元気化，$NaBH_4$ などの添加によって生成させた水素化物の加熱分解などが用いられる．原子発光分析法は，燃焼化学炎やプラズマ炎，アーク放電，スパーク放電などによって試料を熱的に分解，原子化，励起する．原子が励起状態から，より低いエネルギー状態に遷移するときに発する光の強度を測定して元素を定量する．原子蛍光分析法では，燃焼化学炎や黒鉛炉を用いて試料を原子化する．これに原子特有の光を照射して，原子を励起する．励起された原子がより低いエネルギー状態に遷移するときに発する光の強度から定量を行う．原子蛍光分析法は原子発光分析法と同じく励起状態から低エネルギー状態への遷移に伴う光の放射を利用する分析法であるが，原子を光によって励起する場合には一般に原子蛍光分析法と呼ばれる．

原子スペクトル分析法の多くは溶液試料が対象であるが，アーク放電やスパーク放電による発光分析法では固体試料が対象となる．原子スペクトル分析法は原子に特有の光を定量に用いるので，選択性が高く共存物質による妨害が少ない．また，発光分析法では，様々な波長の光の同時検出が行えるなら，多元素の一括分析が可能である．原子スペクトル分析法の中でも汎用性の高い化学炎原子吸光分析法と誘導結合プラズマ発光分析法を取り上げて，以下に概説する．

C.1　化学炎原子吸光分析法

この方法では，空気－アセチレン，酸素－水素，酸化二窒素－アセチレンなどの助燃ガス－燃料ガスの組み合わせによる燃焼化学炎を用いて試料を原子化する．図 C.2 に空気－アセチレン炎を用いる原子吸光分析装置の概要を示した．助燃ガスである空気を噴射して溶液試料を霧状にする．これを燃料ガスであるアセチレンと混合し，バーナーヘッドに導き燃焼させる．このとき溶液中の試料は炎の中で解離して原子状態となる．これにその原子特有の光を照射すると，元素の存在量に応じて光が吸収され原子は励起状態へと遷移する．この光の吸収量（吸光度）から，溶液試料中の元素濃度を算出する．

原子特有の光を放射する光源には中空陰極ランプ（図 C.2，右下）を用い，放電

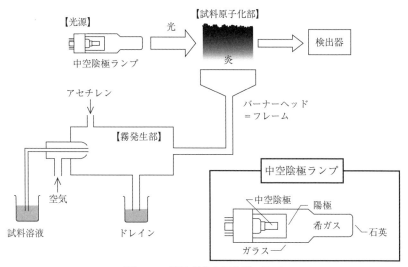

図 **C.2** 原子吸光分析装置の概要

によってその光を発生させる．このランプの陰極には分析対象元素の金属あるいはその合金が用いられている．電極間に電圧をかけると放電が起こって，ランプ内部に封入されているネオンあるいはアルゴンの陽イオンが発生する．このイオンが陰極をたたくと分析対象元素のガス状原子が生成する．これが周囲の電子やイオンと衝突して励起状態に遷移し，元素特有の光を発する．

C.2　誘導結合プラズマ発光分析法 (ICP-AES)

　プラズマ炎によって試料を原子化し励起するのが，誘導結合プラズマ発光分析法である．まず，アルゴンガスを噴射して，試料溶液を吸引・噴霧してネブライザー（噴霧器，図 C.3）中に試料の霧を生成させる．誘導結合プラズマを発生させた放電管（プラズマトーチ，図 C.4）にこの霧を導く．内部にアルゴンガスを流しているプラズマトーチの上端にはコイルが巻かれていて，高周波電流の通電に伴う電磁誘導によって，トーチ上部にはアルゴンプラズマが発生している．このプラズマの温度は 5000～8000 K ときわめて高いので，そこに導入された試料のほとんどは原子状に解離しイオン化・励起される．励起されたイオン（原子）は，それらに特有の光を放射して，より低いエネルギー状態あるいは基底状態に遷移する．このとき放射される光の波長から，試料中に存在する元素が同定される．それぞれの波長の光

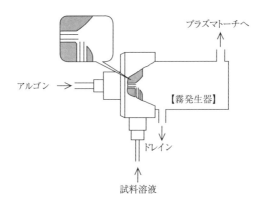

図 C.3　クロスフローネブライザーを用いた霧発生器の例

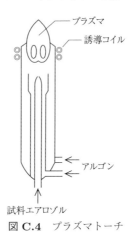

図 C.4　プラズマトーチ

強度から，その波長に対応する元素の濃度が算出される．誘導結合プラズマ発光分析法は励起源に用いるプラズマの温度が高温であることもあって，共存元素による妨害が少なく検量線の直線範囲も広いので，微量から極微量濃度の多元素同時分析に適している．

C.3　原子吸光分析法による Ca^{2+} と Mg^{2+} の定量
　　　－水道水と河川水の分析－

実験の概要

　水中の Ca^{2+} と Mg^{2+} は，キレート錯体生成反応を利用した容量分析法によっても定量することができる．実際，容量分析実験 2.2〔キレート滴定〕では，BT 指示

薬とNN指示薬を用いたEDTAによる滴定を行って水道水中の両イオンの濃度を測定した．しかし，この方法ではMg^{2+}の濃度を直接には求めることができず，Ca^{2+}とMg^{2+}の合計濃度からCa^{2+}濃度を差し引いて，Mg^{2+}濃度を求めた．このような場合，Mg^{2+}濃度がCa^{2+}濃度と同程度あるいはそれ以上であれば，算出した濃度の信頼性に問題はない．しかし，Mg^{2+}濃度がCa^{2+}濃度の1/10以下になると，算出した濃度が正確さに欠けることがある．それは，Ca^{2+}とMg^{2+}の合計濃度とCa^{2+}濃度との間に差がなくなって，引き算による濃度算出に信頼性が保てなくなるからである．これに対して，原子吸光分析法では常にCa^{2+}，Mg^{2+}それぞれの濃度を直接に求めることができる．また，原子吸光分析法の感度はキレート滴定法のそれよりずいぶん高い．容量分析実験2.2では0.01 mol/LのNa_2EDTA標準溶液を用いて100 mLの試料溶液を滴定した．この場合，0.01 mol/LのNa_2EDTA標準溶液0.01 mLは，100 mL試料溶液中のMg^{2+}（あるいはCa^{2+}）1×10^{-7} molに相当する．したがって，この方法での定量下限濃度は原理的には1×10^{-6} mol/Lである．しかし，0.01 mLレベルでの終点決定はかなり難しいので現実的には定量下限濃度はもっと高い値になる．一方，化学炎原子吸光分析法の定量下限濃度はCa^{2+}で5×10^{-8} mol/L，Mg^{2+}で2×10^{-8} mol/Lであり，条件によってはもっと低い値まで測定できる．それゆえ，原子吸光分析法ではキレート滴定法に比べてより低濃度のCa^{2+}，Mg^{2+}を定量できる．ここでは，容量分析法の別法として，原子吸光分析法による水道水と河川水中の両イオンの定量を行う．

この方法によって測定するときには，まずCa^{2+}，Mg^{2+}を含有する固体試薬を用いて，それらの正確な濃度が既知の溶液（標準溶液）をいくつか調製する．これらの溶液の光吸収量（吸光度）を原子吸光分析装置によって測定する．それぞれの標準溶液のイオン濃度を横軸に，吸光度を縦軸に取って，濃度と吸光度の関係を表す**検量線**を描く．この線はイオン濃度が適切な範囲にあるとき直線となる．次に試料溶液の吸光度を測定する．この吸光度をもとにして，上述の検量線から試料溶液中のイオン濃度を算出する．

実験操作
C.3.1 標準溶液の調製
(1) 2.00×10^{-2} mol/L Ca^{2+}標準溶液

110 °Cで乾燥した後，デシケータ中で放冷した炭酸カルシウム$CaCO_3$を

0.2002 g 測り取る．少量の希塩酸で溶解し，蒸留水で正確に 100 mL に希釈する．

(2) 1.00×10^{-2} mol/L Mg^{2+} 標準溶液

110 ℃ で乾燥した後，デシケータ中で放冷した酸化マグネシウム MgO を 0.2016 g 測り取る．少量の希塩酸で溶解し，蒸留水で正確に 500 mL に希釈する．

(3) $Ca^{2+}\cdot Mg^{2+}$ 混合標準溶液

ホールピペットで 2.00×10^{-2} mol/L Ca^{2+} 標準溶液 25 mL を 100 mL 容量フラスコに取る．これに，1.00×10^{-2} mol/L Mg^{2+} 標準溶液 25 mL をホールピペットで加える．続いて，蒸留水で 100 mL に希釈する．この操作によって，5.00×10^{-3} mol/L Ca^{2+} と 2.50×10^{-3} mol/L Mg^{2+} を含む混合標準溶液が調製される．

(4) 検量線作成用の混合標準溶液

10 mL メスピペットで上記の混合標準溶液 (5.00×10^{-3} mol/L Ca^{2+}, 2.50×10^{-3} mol/L Mg^{2+}) 2 mL を 100 mL 容量フラスコに取る．蒸留水を加えて 100 mL に希釈する．この操作によって，1.00×10^{-4} mol/L Ca^{2+} と 5.00×10^{-5} mol/L Mg^{2+} を含む混合標準溶液が調製される．これと同様の操作によって，Ca^{2+} と Mg^{2+} をそれぞれ，2.00×10^{-4} mol/L と 1.00×10^{-4} mol/L，3.00×10^{-4} mol/L と 1.50×10^{-4} mol/L，4.00×10^{-4} mol/L と 2.00×10^{-4} mol/L，5.00×10^{-4} mol/L と 2.50×10^{-4} mol/L を含む混合標準溶液を調製する．また，Ca^{2+} と Mg^{2+} の濃度がともに 0.00×10^{-4} mol/L の標準溶液として蒸留水を用意する．

C.3.2 試料水のろ過

採取した水道水と河川水の試料を，吸引ろ過によってろ過する．ろ液をポリエチレン瓶に採取する．

C.3.3 原子吸光分析装置による吸光度の測定

原子吸光分析装置にて，検量線作成用の混合標準溶液，水道水，河川水を順次噴霧し蒸留水を対照にして，それぞれの溶液の吸光度を測定する．水道水，河川水の

吸光度が，混合標準溶液の吸光度の範囲を超えた場合には，試料水を蒸留水で適宜希釈した後，再度測定する．Ca^{2+} の測定では 422.7 nm，Mg^{2+} の測定では 285.2 nm の波長を用い，光源にはそれぞれの元素を封入した中空陰極ランプを使用する．測定操作の詳細については，使用する装置の取扱説明書を参照する．

C.3.4　検量線の作成と試料水中濃度の算出

測定の結果，図 C.5 のような記録が得られる．この記録から，標準溶液の吸光度を求める．横軸に標準溶液の濃度，縦軸に吸光度を取って，図 C.6 のような検量線を作成する．Ca^{2+}，Mg^{2+} それぞれの検量線と試料水の吸光度から，試料水中の Ca^{2+} あるいは Mg^{2+} の濃度を算出する．

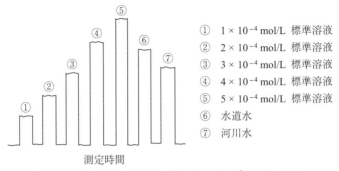

① 1×10^{-4} mol/L　標準溶液
② 2×10^{-4} mol/L　標準溶液
③ 3×10^{-4} mol/L　標準溶液
④ 4×10^{-4} mol/L　標準溶液
⑤ 5×10^{-4} mol/L　標準溶液
⑥ 水道水
⑦ 河川水

図 **C.5**　化学炎原子吸光分析法における Ca^{2+} の測定記録

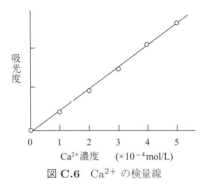

図 **C.6**　Ca^{2+} の検量線

付録 D

金属錯体とキレート

　無機定性分析実験では金属錯体を利用して金属イオンを同定し，また，コバルト錯体の合成と分析を行う．さらに，容量分析実験ではキレート滴定実験を実施する．このため，金属錯体とキレートの基礎的な化学をあらかじめ学ぶことは，化学実験を実施し，その内容を理解する上で必須である．

D.1　金属錯体とは

　金属原子あるいは金属イオンに，イオンや中性分子が一定の空間配置をとって配位結合しているものを錯体と呼ぶ．そのとき，中心の金属原子を**中心原子**，配位結合しているイオンや分子を**配位子**（リガンド）と呼ぶ．$[Fe(CN)_6]^{4-}$ を例にすると，Fe 原子が中心原子であり，CN^- イオンが配位子である．また，中心原子と直接結合している原子（この場合炭素原子）は**配位原子**と呼ばれる．配位原子の数はそれぞれの中心原子に特有であり，これを**配位数**と呼ぶ．$[Fe(CN)_6]^{4-}$ の場合，配位数は 6 である．

　二つ以上の配位可能な原子を有する配位子を多座配位子（キレート配位子）と呼び，多座配位子が二つ以上の配位原子を介して中心原子に結合している金属錯体をキレート錯体（化合物）と呼ぶ．ちなみに，**キレート**(chelate) はギリシャ語の「カ

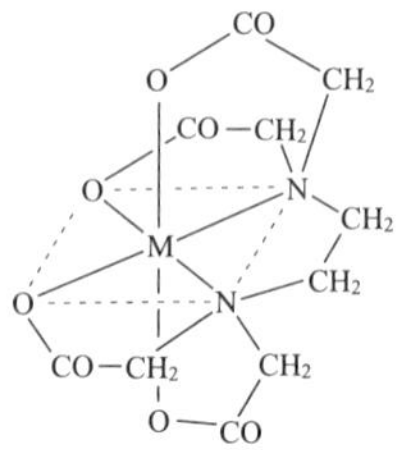

図 **D.1**　EDTA キレート錯体の例

ニのはさみ」に由来し，一つの配位子が二つ（以上）の配位原子で中心原子に結合している様子がそれにたとえられている．容量分析実験に利用した 2,2',2'',2'''-（エタン-1,2-ジイルジニトリロ）四酢酸（エチレンジアミン四酢酸，EDTA）は，図 D.1 のように二つの窒素原子と四つの酸素原子で一つの金属イオンを捉えるキレート錯体を作る．

D.2 金属錯体の命名法

複雑な構造を持つ金属錯体は，IUPAC（国際純正応用化学連合）が定める系統的な命名法で，その構造を明確に示される．

D.2.1 配位子の名称

陰イオン性配位子名は無機イオンでも有機イオンでも，その語尾は -o（－オ）となる．陰イオン名の語尾が -ide, -ite, -ate ならば，最後の e を o に変えて，-ido, -ito, -ato になる．日本語では，－イド，－イト，－アトになる．例えば，Cl^- はクロリドと呼ぶ．

中性および陽イオン性配位子については，分子名あるいは陽イオン名をそのまま配位子名とする．ただし，以下の配位子には IUPAC が承認する慣用名がある．H_2O：アクア，NH_3：アンミン，CO：カルボニル，NO：ニトロシル．

また，多座配位子では 2 個以上の配位可能な原子があり，その中で配位している原子に対しては，その元素記号をイタリック体で示し，前にギリシャ文字のカッパ κ をつけたものを配位子名の後につけて区別する．たとえば，-NO_2：ニトリト-κN（窒素原子で配位），-ONO：ニトリト-κO（酸素原子で配位）である．

D.2.2 金属錯体の化学式と名称

錯イオンまたは錯分子の化学式は，中心原子，陰イオン性配位子，陽イオン性配位子，中性配位子の順に記し，[ ] で囲む．配位子の各種類ごとの順位は，配位子のアルファベット順による．また，中心原子の酸化数は（ ）内にローマ数字で表す．

英語での金属錯体名は，配位子の電荷に関係なく，配位子名をアルファベット順に中心原子名の前に置く．ただし，配位子の数を示す接頭辞（di-, tri- など）は無視

して順番を決める．日本語では英語名をそのまま字訳してカナ書きにする．陰イオン性の金属錯体名の語尾は −酸イオン (-ate) になる．他方，陽イオン性，中性の金属錯体では特に区別する語尾を使わない．

上記の規則を下の例で確かめてみよう．

$[Co(H_2O)_6]^{2+}$　　　hexaaquacobalt(II) ion
　　　　　　　　　　　ヘキサアクアコバルト (II) イオン

$[CoCl(NH_3)_5]^{2+}$　　pentaamminechloridocobalt(III) ion
　　　　　　　　　　　ペンタアンミンクロリドコバルト (III) イオン

$[Fe(CN)_6]^{3-}$　　　　hexacyanidoferrate(III)ion
　　　　　　　　　　　ヘキサシアニド鉄 (III) 酸イオン

$[Fe(CN)_6]^{4-}$　　　　hexacyanidoferrate(II) ion
　　　　　　　　　　　ヘキサシアニド鉄 (II) 酸イオン

$[Ni(C_4H_7N_2O_2)_2]$　　bis(dimethylglyoximato)nickel(II)
　　　　　　　　　　　ビス（ジメチルグリオキシマト）ニッケル (II)

$[Co(NO_2)_6]^{3-}$　　　hexanitrito-κN-cobaltate(III) ion
　　　　　　　　　　　ヘキサニトリト-κN-コバルト (III) 酸イオン

D.3　金属錯体の配位数と立体構造

金属錯体の配位数と立体構造は，中心原子の電子構造と配位子の分子構造，中心原子と配位子をつなぐ結合の性質などによって決まる．図 D.2 は金属錯体の典型的な立体構造を模式的に示したものである．

また，本実験で取り扱う金属錯体を中心に，代表的な金属錯体の配位数と立体構造を表 D.1 にまとめて記す．平面正方形錯体と正八面体形錯体において二つの配位子が他のものと異なる場合，図 D.3 に示すように cis 体と $trans$ 体の立体異性体が現れる．

また正八面体形錯体では，$[Co(H_2NCH_2CH_2NH_2)_3]^{3+}$ のように鏡像異性体が現れる場合がある．このとき，配位原子がすべて等しく，かつ配位子分子中に不斉炭素原子がないことに注意しよう．

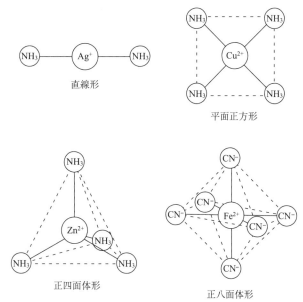

図 **D.2** 金属錯体の立体構造

表 **D.1** 主な錯体の構造

金属錯体	中心原子	配位子	配位数	立体構造
$[Ag(NH_3)_2]^+$	Ag^+	NH_3	2	直線形
$[Cu(NH_3)_4]^{2+}$	Cu^{2+}	NH_3	4	平面正方形
$[Ni(C_4H_7N_2O_2)_2]$	Ni^{2+}	$(C_4H_7N_2O_2)^-$	4	平面正方形
$[Cd(NH_3)_4]^{2+}$	Cd^{2+}	NH_3	4	正四面体形
$[Zn(NH_3)_4]^{2+}$	Zn^{2+}	NH_3	4	正四面体形
$[Co(NCS)_4]^{2-}$	Co^{2+}	NCS^-	4	正四面体形
$[HgI_4]^{2-}$	Hg^{2+}	I^-	4	正四面体形
$[Ni(NH_3)_6]^{2+}$	Ni^{2+}	NH_3	6	正八面体形
$[Fe(CN)_6]^{4-}$	Fe^{2+}	CN^-	6	正八面体形
$[Fe(CN)_6]^{3-}$	Fe^{3+}	CN^-	6	正八面体形
$[Co(NH_3)_6]^{2+}$	Co^{2+}	NH_3	6	正八面体形
$[Co(NH_3)_6]^{3+}$	Co^{3+}	NH_3	6	正八面体形
$[CoCl(NH_3)_5]^{2+}$	Co^{3+}	NH_3, Cl^-	6	正八面体形

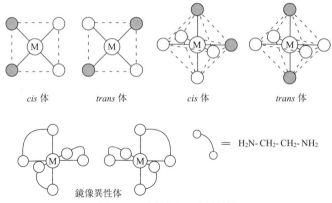

図 **D.3** 金属錯体の立体異性

D.4 遷移金属錯体の色

　原子状態では，遷移金属原子の外殻電子が収まっている軌道（d 軌道）のエネルギーはすべて等しい．しかし，これに配位子が結合して金属錯体が形成されると，軌道の向きと配位子の結合する方向の関係から，エネルギーが異なってくる．一般的に，このエネルギー差が可視光のエネルギーに対応するため，遷移金属錯体は色づくことが多い．その詳細については参考図書『メイアン大学の化学〔II〕』p.760,「遷移金属の錯体」，p.767,「遷移金属錯体の結合」を参照してもらいたい．

付録 E

酸塩基反応の平衡点

　化学反応には酸・塩基が関与するものが多く，それらを単に水溶液の pH を変える物質と捉えるよりも，プロトン（水素イオン）を出し入れする化学種と考えた方が合理的である．すなわち，ブレンステッドとローリーは，酸とはプロトン供与体，塩基とはプロトン受容体と定義している．たとえば酢酸の水中での解離平衡では，プロトンを放出する酢酸が酸，受け取る水が塩基となる．また，プロトンを失って形成された酢酸イオンは酢酸の共役塩基，プロトンを得て形成されたオキソニウムイオンを水の共役酸と呼ぶ．

$$\underset{\text{酢酸}}{\underset{\text{酸}}{CH_3CO_2H}} + \underset{\text{水}}{\underset{\text{塩基}}{H_2O}} \rightleftharpoons \underset{\text{酢酸イオン}}{\underset{\text{共役塩基}}{CH_3CO_2^-}} + \underset{\text{オキソニウムイオン}}{\underset{\text{共役酸}}{H_3O^+}}$$

$$K = \frac{[CH_3CO_2^-][H_3O^+]}{[CH_3CO_2H][H_2O]} \tag{E.1}$$

$$K_a = K[H_2O] = \frac{[CH_3CO_2^-][H_3O^+]}{[CH_3CO_2H]} \tag{E.2}$$

$$pK_a = -\log K_a \tag{E.3}$$

　次に，酸あるいは塩基の強さを評価する方法を考えよう．平衡点において，この反応に含まれる各成分の濃度の間には 式 E.1 で示す関係があり，平衡定数 K の値から酸がどれぐらいプロトンを放出しやすいか評価できる．しかし，酸としての強さの評価はこの値ではなく，次の酸解離定数 K_a の値が用いられる．酸の濃度に比べ水の濃度は圧倒的に大きいので，水の一部がオキソニウムイオンに変化しても，水の濃度は最初の値と等しいと考えられる．したがって，式 E.1 は 式 E.2 のように変形され，得られた K_a の値が大きいほど強い酸であることを示している．

　たとえば，酢酸の K_a 値は 1.8×10^{-5} であるが，この表記は見づらいため，式 E.3 に示すように K_a 値を常用対数に変換してマイナスをかけた酸解離指数 pK_a が

一般に酸の強さを評価するのに使用される．式の定義から分かるように，pK_a 値が小さいほど強酸である．代表的な化合物の pK_a 値を下に示す．また，強酸であるほどその共役塩基は弱く，逆に弱酸であるほどその共役塩基は強いので，この pK_a の値で塩基の強さも評価することができる．

表 E.1 代表的化合物の pK_a

化合物	pK_a	化合物	pK_a
$H_3C-CO-CH_3$	19.3	ピリジニウム($C_5H_5NH^+$)	8.8
CH_3CH_2OH	16.0	H_2CO_3	6.4
H_2O	15.7	CH_3CO_2H	4.8
HCO_3^-	10.3	$C_6H_5-NH_3^+$	4.6
C_6H_5-OH	10.0	$C_6H_5-CO_2H$	4.2
$(CH_3)_3NH^+$	9.8		
NH_4^+	9.3	H_3O^+	-1.7

ここで，安息香酸に炭酸水素ナトリウム水溶液を加えたときの反応の平衡点を考えてみよう．表 E.1 の pK_a 値から安息香酸が炭酸より強酸であることが分かる．これは二酸化炭素の泡を出しながら安息香酸が溶解する実験事実と一致する．

$$C_6H_5-CO_2H + HCO_3^- \rightleftarrows C_6H_5-CO_2^- + H_2CO_3$$
pK_a 4.2　　　　　　　　　　　　　　　　pK_a 6.4

また，4-メトキシアニリンを希塩酸に溶かした後，酢酸ナトリウム水溶液を加える反応ではどうだろう (p.128)．4-メトキシアニリンの塩基としての強さはアニリンとほぼ等しいとして，平衡点を考えてみよう．

付録 F

核磁気共鳴 (NMR) スペクトル

　核磁気共鳴 (Nuclear Magnetic Resonance, NMR) スペクトルは，有機分子中の特定の原子，主として水素原子と炭素原子の数，種類，位置などを決定する手段として用いられる．情報量が多く，必要とするサンプル量も少ないので，有機化合物の構造決定において最も頻繁に使用される機器分析法である．NMR スペクトルは磁気モーメント（ごく小さな棒磁石と考えてよい）を持つ原子核に対して測定可能である．その中で，有機化合物に関しては ^{1}H 核（プロトン）と ^{13}C 核のスペクトルがとりわけ有用である．これらの原子核を強力な磁場の中に置くと，磁気モーメントは与えられた外部磁場に対して平行または反平行に配向する（図 F.1）．外部磁場に平行のほうが反平行より安定であり，前者が少し多く存在する．このエネルギー差に対応する周波数の電磁波（ラジオ波）を照射すると，そのエネルギーを吸収して磁気モーメントは平行から反平行へと反転する．この現象を核磁気共鳴と呼び，それを観測する分析法が NMR スペクトルである．

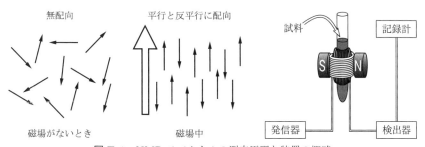

図 **F.1**　NMR スペクトルの測定原理と装置の概略

　図 F.1 に示すように，NMR 装置は，強力な磁石（超伝導磁石が一般的），ラジオ波発信器，検出器，記録計とそれらを制御するコンピュータから構成される．測定する化合物の溶液を試料管に入れ，磁場中に挿入する．ここで，発信器からラジオ波を照射すると，磁気モーメントは平行から反平行へと反転し，このとき発生する

共鳴信号を検出器で受信し，コンピュータで処理した後，スペクトルを記録する．以上のプロセスで測定される ^{1}H NMR スペクトルから (1) 化学シフト，(2) スピン分裂，(3) 積分値の情報が得られ，これらをもとに分子構造を解析する．

(1) 化学シフト

有機分子の中で原子核は電子に取り囲まれている．この電子は加えられた外部磁場を打ち消すように小さな磁場を生じる．そのため，原子核にかかる実際の磁場（有効磁場）は外部磁場より若干小さくなる．この現象を遮へいと呼ぶ．この遮へいは，原子核を取り巻く電子が豊かなとき大きく，逆に乏しいとき小さい．分子中のそれぞれの原子核は，置かれている環境が異なるため，励起するラジオ波の周波数を一定としたときには異なる磁場で，磁場を一定にしたときには異なる周波数で共鳴シグナルを与えることになる．

^{1}H NMR スペクトルではテトラメチルシラン $(CH_3)_4Si$（省略名 TMS）を基準として，観測されたシグナルの共鳴位置を相対値で表記する．この値は化学シフト（δ値）と呼ばれ，ppm 単位 (10^{-6}) で表記される．化学シフトの値は遮へいが大きいほど小さくなる．

表 F.1 各種プロトンの化学シフト

プロトンの型		δ(ppm)	プロトンの型		δ(ppm)
飽和炭化水素基に結合したアルキル基			不飽和官能基に結合したプロトン		
第一級	RCH_3	0.7〜1.3	アルキン	$\equiv CH$	2.5〜3.0
第二級	R_2CH_2	1.2〜1.6	アルケン	$=CH-$	4.5〜6.5
第三級	R_3CH	1.4〜1.8	芳香族	ArH	6.5〜8.0
			アルデヒド	$RCH=O$	9.7〜10.0
不飽和官能基に結合したアルキル基					
アリル型	$C=C-CH_3$	1.6〜2.2	ヘテロ原子に結合したプロトン		
メチルケトン	$RCOCH_3$	2.0〜2.4	アルコール	RCH_2OH	2.5〜5.0
芳香族メチル	$ArCH_3$	2.4〜2.7	アミン	RCH_2NH_2	0.5〜5.0
			カルボン酸	$RCOOH$	11〜12
電子求引性官能基に隣接したプロトン			幅広いシグナルが観測されることが多い．		
ハロゲン基	RCH_2X	2.5〜4.0			
アルコール エーテル	RCH_2OH	2.5〜5.0			

化学シフト 　　　　　　　B：観測しているプロトンが共鳴する磁場の強さ
$\delta(\text{ppm}) = \frac{B_{TMS}-B}{B_0} \times 10^6$ 　B_{TMS}：TMS のプロトンが共鳴する磁場の強さ
　　　　　　　　　　　　B_0：外部磁場の強さ

　一般に有機化合物中の ^{1}H 核は δ 0～15 の範囲に共鳴シグナルを与え，その代表的な値を化学構造（官能基）と対応させて表 F.1 に示す．

(2) スピン分裂

　一つのプロトン $\mathbf{H}_a$ の近傍に，非等価なもう一つのプロトン H_b が存在するとき，両者は互いに影響してそれぞれ 2 本に分裂したシグナルを与える．これを二重線 (doublet, 省略形 d) と呼ぶ．次に，$\mathbf{H}_a$ に近接した 2 個の H_b が影響するとき，$\mathbf{H}_a$ のシグナルは 1:2:1 の強度比で 3 本に分裂し，これを三重線 (triplet, t) と呼ぶ．さらに，3 個の H_b が影響するとき，$\mathbf{H}_a$ のシグナルは 1:3:3:1 の強度比で 4 本に分裂し，これを四重線 (quartet, q) と呼ぶ．

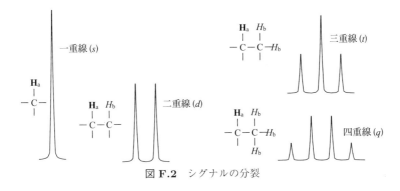

図 **F.2**　シグナルの分裂

　図 F.2 に示すように，n 個の等価な H_b を近傍に有する $\mathbf{H}_a$ のシグナルは $(n+1)$ 本のピークとして現れる（$n+1$ 則）．なお，1 本のシグナルは一重線 (singlet, s)，複雑に分裂した多数のシグナルは多重線 (multiplet, m) と呼ぶ．ただし，酸素原子や窒素原子に直接結合したプロトン (OH, NH) の分裂には注意が必要である．これらのプロトンは近傍にある同種のプロトンとすばやく交換することが多く，そのために隣接するシグナルを分裂しないことが多い．また，それらは隣接するプロトンによっても分裂されず，一重線（多くは幅広い一重線）で観測されることが多い．

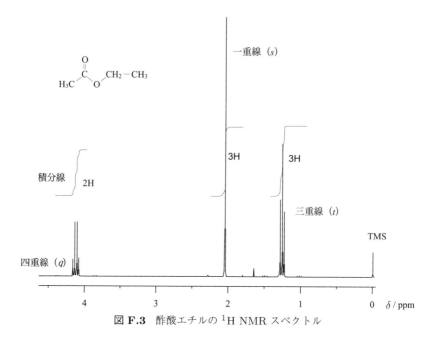

図 **F.3** 酢酸エチルの ^{1}H NMR スペクトル

(3) 積分値

^{1}H NMR スペクトルにおいて，各シグナルの面積，すなわち積分値はそれに対応するプロトンの数に比例する．スペクトルに現れたすべてのシグナルの積分値を比較すれば，分子中のプロトンの構成比がわかる．積分値は階段状の線でスペクトル上に表される．

酢酸エチルを例にして化学構造とスペクトルの対応を考えてみよう．図 F.3 に示されるように δ 1.25 (t, 3H, CH$_2$CH$_3$), 2.03 (s, 3H, COCH$_3$), 4.12 (q, 2H, CH$_2$CH$_3$) であることは容易に理解できるだろう．

次に有機化学実験 3.3 および 3.4.1 で用いた 4-メトキシアニリン，および合成品である 4-メトキシアセトアニリド，4-メトキシ-2-ニトロアセトアニリドの ^{1}H NMR スペクトルを見てみよう（図 F.4〜図 F.6）．いずれの化合物でも δ 3.8 付近にメトキシ基 (CH$_3$O-) の 3 個のプロトンが観測される．4-メトキシアセトアニリドと 4-メトキシ-2-ニトロアセトアニリドではアセチル基 (CH$_3$CO-) の 3 個のプロトンが δ 2.2 付近に観測される．ベンゼン環上のプロトンは 4-メトキシアニリンでは δ 6.6〜6.8 に，4-メトキシアセトアニリドは δ 6.8〜7.4 に，4-メトキシ-2-ニトロアセト

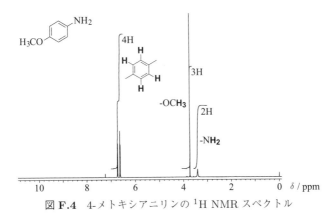

図 F.4 4-メトキシアニリンの ^{1}H NMR スペクトル

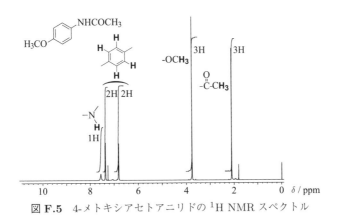

図 F.5 4-メトキシアセトアニリドの ^{1}H NMR スペクトル

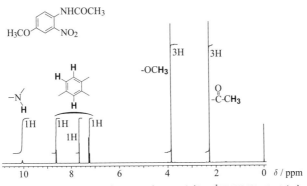

図 F.6 4-メトキシ-2-ニトロアセトアニリドの ^{1}H NMR スペクトル

アニリドでは δ 7.2〜8.6 に現れているが，スピン分裂の様式はベンゼン環の置換基に依存して異なっている．窒素原子上のプロトンも観測されるが，周囲の化学構造の影響により化学シフトが大きく変化するため，その帰属には注意を要する．

付録 G

測定値の解析と評価

定量分析実験では，得られた結果の**確度**と**精度**を正しく評価し，報告する必要がある．滴定実験のように測定を繰り返す実験ではデータのばらつき，すなわち精度が重要となるので，ここでそれに関する事項（統計量）について簡単に説明する．確度に関係した事項を含めた詳細は，巻末に示した参考図書を参照してもらいたい．

通常の定量分析実験では，測定対象となる**母集団**（本実験では漂白剤や水道水）から一部を取り出し（この操作を「**標本**を**抽出**する」という），それに対して n 回の測定を行う．このような測定や調査を**標本調査**といい，その結果から母集団の性質を推定する．標本調査は母集団の明確な定義が困難な場合や，母集団すべての調査が煩雑な場合に行われる．このとき，得られた n 個の**変数** $x_1, x_2, \cdots, x_n$ の平均（標本平均）$\bar{x}$ は母集団の平均 μ の推定値であり，

$$\bar{x} = \frac{x_1 + x_2 + \cdots + x_n}{n} = \frac{1}{n}\sum_{i=1}^{n} x_i \tag{G.1}$$

で与えられる．しかし，これだけで測定の質，つまり精度について議論することはできない．精度を定量的に示し，評価するには，式 G.2 で定義される**標本標準偏差** (sample standard deviation) s が用いられる．

$$s = \sqrt{\frac{1}{n-1}\sum_{i=1}^{n}(x_i - \bar{x})^2} \tag{G.2}$$

ここで，$n-1$ を**自由度**という．1 減っているのは，式 G.1 から得られた $\bar{x}$ が μ の推定値であることに起因する．平均が同じなら，標本標準偏差が小さいほど精度の高い測定であるといえる．また，標本標準偏差を平均で割った値を**変動係数** (coefficient of variation, $C.V.$) と呼ぶ．

$$C.V. = \frac{s}{\bar{x}} \times 100 \; [\%] \tag{G.3}$$

変動係数は無名数で,平均が大きく異なる測定間で精度を比較したい場合などに便利な指標である.

一方,母集団の総数 n を明確に定義でき,かつそのすべてを調査する場合,母集団の平均 μ を知ることができる.このような調査を全数調査といい,ばらつきの指標として式 G.4 で定義される**標準偏差** (standard deviation) σ を用いる.

$$\sigma = \sqrt{\frac{1}{n}\sum_{i=1}^{n}(x_i - \mu)^2} \tag{G.4}$$

標本標準偏差と標準偏差の違いは,式の分母が $n-1$ か n かだけであるが,前者の n は標本の数,後者のそれは母集団の数を示しており,統計学的には全く異なる指標である.なお,標準偏差を母集団の平均で割ったもの $(=\sigma/\mu \times 100\ [\%])$ も変動係数と呼ばれる.このため,データを解析する際には,測定や調査がどのような方法で行われたかに注意する必要がある.

滴定実験における結果の評価

滴定値の真の値が 10.00 mL であるとして,得られる結果について考えてみよう.ビュレットの 1 滴は 0.03〜0.04 mL であり,目盛りの読み取り誤差は 0.01〜0.02 mL である.滴定時のビュレット操作で ±1 滴の誤差が生じたとすると,得られる滴定値は 9.92〜10.08 mL の間になる.また,ホールピペットで溶液を取る際にも同程度の誤差が生じたとすると,得られる滴定値はおおよそ 9.88〜10.12 mL の範囲に収まる.この範囲内にある仮想的な実験結果を表 G.1 に示す.これらの値からは,$s = 0.10$ mL,$C.V. = 1.0\ \%$ が得られる.この他にも,容量フラスコによる標準溶液の作成や固体試料の秤量の際に誤差が生じる可能性がある.従って,表 G.1 と同程度の結果,すなわち <u>10 mL 程度の平均値</u> に対して <u>1 % 以下の変動係数</u> が得られれば,滴定実験初心者としてはよい結果であると評価できるだろう.ただし,平均値が増減すれば,この評価基準も当然変わってくるので,注意しなければならない.

表 G.1 滴定結果 /mL

1	2	3	4	5	平均
9.88	10.00	10.12	9.92	10.08	10.00

付録 H

最小二乗法による線形回帰

容量分析実験 2.4 と 2.5 ではグラフ用紙に測定結果をプロットして直線を引き，その傾きや切片から速度定数や吸着平衡定数などを求める．実験 2.4 の本文には計算誤差を小さくするためのグラフの描き方（直線の引き方）を示しているが，実験結果によってはどう直線を引くべきか戸惑うことがあるかもしれない．ここでは計算により最適な直線を求める方法を説明する．これらの計算も，付録 G で示した標本標準偏差も，表計算ソフトを用いればコンピュータが瞬時に結果を表示してくれるが，実験結果を正しく解析し，理解を深めるにはその基本となる考え方や数式を知っておくことが重要である．

$(x_1, y_1), \ldots, (x_n, y_n)$ からなる n 個のデータについて考える．y と x が直線の傾き a，y 切片 b の式 H.1 で表される直線（線形）関係にあるとする．

$$y = ax + b \tag{H.1}$$

もし，確実に正しい（真の値の）データが 2 個得られれば，それらを式 H.1 に代入して連立方程式として解くことで，a と b を求めることができる．しかし，実験から得られるデータは必ず誤差をもつので，単純な連立方程式として解くことはできない．そこで前述のとおり，"最適な" 直線を求めることになる．すなわち，n 個のデータと直線とのずれの二乗和が最小となる係数 a, b を求める．

$$\chi^2 = \sum_{i=1}^{n} \{y_i - (ax_i + b)\}^2 \tag{H.2}$$

$$\frac{\partial \chi^2}{\partial a} = 0 \tag{H.3}$$

$$\frac{\partial \chi^2}{\partial b} = 0 \tag{H.4}$$

この手法を最小二乗法による**線形回帰**といい，式 H.3 と H.4 から，a と b はそれぞれ式 H.5 と H.6 で与えられる．

$$a = \frac{n\sum_{i=1}^{n} x_i y_i - \sum_{i=1}^{n} x_i \sum_{i=1}^{n} y_i}{n\sum_{i=1}^{n} x_i^2 - (\sum_{i=1}^{n} x_i)^2} \tag{H.5}$$

$$b = \frac{\sum_{i=1}^{n} x_i^2 \sum_{i=1}^{n} y_i - \sum_{i=1}^{n} x_i \sum_{i=1}^{n} x_i y_i}{n\sum_{i=1}^{n} x_i^2 - (\sum_{i=1}^{n} x_i)^2} \tag{H.6}$$

表 **H.1**　測定結果

x	0.50	0.94	1.47	2.05	2.51
y	3.03	5.48	4.96	6.08	7.05

　これらの式を用いて計算する場合でも，p.104〜105 にあるとおり，すべての点を機械的に計算に入れてはいけない．例えば，式 H.1 で表される表 H.1 のような実験結果が得られたとする．これらをプロットすると，2 つ目のデータが大きくずれていることが分かる（図 H.1）．このデータを除いて a，b を計算すると，

$$a = \frac{4 \times (0.50 \times 3.03 + 1.47 \times 4.96 + \cdots) - (0.50 + 1.47 + \cdots) \times (3.03 + 4.96 + \cdots)}{4 \times \{(0.50)^2 + (1.47)^2 + \cdots\} - (0.50 + 1.47 + \cdots)^2} \tag{H.7}$$

$$b = \frac{\{(0.50)^2 + (1.47)^2 + \cdots\} \times (3.03 + 4.96 + \cdots) - (0.50 + 1.47 + \cdots) \times (0.50 \times 3.03 + 1.47 \times 4.96 + \cdots)}{4 \times \{(0.50)^2 + (1.47)^2 + \cdots\} - (0.50 + 1.47 + \cdots)^2} \tag{H.8}$$

となり，

$$y = 1.99x + 2.03 \tag{H.9}$$

が得られる（図 H.1 の実線）．一方，データのずれを考慮せず，すべてのデータを使って同様に計算すると，

$$y = 1.66x + 2.84 \tag{H.10}$$

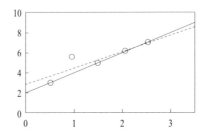

図 H.1　測定結果のまとめ．2 つ目のデータを除外して線形回帰した直線を実線で，すべてのデータを用いた場合の直線を破線で示す．

となり（図 H.1 の破線），異なる結果が導かれることが分かる．このように，実験結果を解析する際には，観測値の妥当性について十分に考えることが大切である．

最小二乗法による線形回帰の手法は，ここで示した一次関数のみならず，二次関数や指数関数などの複雑な関数にも適用可能である．また，ここではすべての測定点で重みは等しいものとして，それらは考慮していないが，重みの違いを考慮して計算することも可能である．それらについては参考図書を参照してもらいたい．

参考図書

- 無機定性分析実験
    京都大学総合人間学部 編 『無機定性分析実験』（共立出版）ISBN:4-320-04336-7
- 容量分析実験
    藤永太一郎 編著『基礎分析化学』（朝倉書店）ISBN: 4-254-14046-0
    近藤精一，石川達雄，安部郁夫『吸着の科学』（丸善）ISBN : 4-621-04843-0
- 有機化学実験
    山口良平，山本行男，田村類『ベーシック有機化学（第 2 版）』（化学同人）ISBN:4-7598-1439-6
    P. Y. Bruice『ブルース有機化学 第 4 版 上，下』（化学同人）ISBN:4-7598-0961-9, 4-7598-0962-7
    太田博道『コンパクト基本有機化学』（三共出版）ISBN:4-7827-0380-5
    H. Hart, L. E. Craine, D. J. Hart『ハート基礎有機化学』(培風館) ISBN:4-563-04587-X
    R. J. Ouellette『ウーレット有機化学』（化学同人） ISBN:4-7598-0914-7
- 物理化学・無機化学
    B. H. Mahan『メイアン大学の化学 第 2 版 I, II』（廣川書店）ISBN: 4-5672-0222-8, 4-5672-0225-2
    P.W. Atkins『アトキンス物理化学 上，下』（東京化学同人）ISBN: 4-8079-0529-5, 4-8079-0530-9
    山内淳，馬場正昭『改訂版 現代化学の基礎』（学術図書出版）ISBN: 4-8736-1310-8
    R. C. Weast.『CRC handbook of chemistry and physics 87th ed.』(CRC PRESS Taylor & Francis) ISBN: 978-0-8493-0487-3
- 原子スペクトル分析
    藤永太一郎 編著『基礎分析化学』（朝倉書店）ISBN: 4-254-14046-0
    庄野利之，脇田久伸 編著『入門機器分析化学』（三共出版）ISBN: 4-7827-0229-9
- 測定値の解析と評価
    P. Tebbutt『化学を学ぶ人の基礎数学』（化学同人）ISBN:4-7598-0785-3
    東京大学教養学部統計学教室 編『統計学入門』（東京大学出版会）ISBN:978-4-13-042065-5
    James N. Miller, Jane C. Miller『データのとり方とまとめ方』（共立出版）ISBN: 4-320-04360-X
    化学同人編集部 編 『実験データを正しく扱うために』（化学同人）ISBN: 978-4-7598-1135-3
- 命名法
    Neil G. Connelly, Ture Damhus, Richard M. Hartshorn, Alan T. Hutton 著 日本化学会化合物命名法委員会 訳著『無機化学命名法－IUPAC2005 年勧告－』（東京化学同人）ISBN:978-4-8079-0727-4
    H. A. Favre, W. H. Powell 編著 日本化学会命名法専門委員会 訳著『有機化学命名法 IUPAC2013 勧告および優先 IUPAC 名』（東京化学同人）ISBN:978-4-8079-0907-0

索 引

■化学式，アルファベット■

$[Ag(NH_3)_2]^+$　55, 165
Ag^+　37, 52, 55, 140, 165
Ag_3PO_4　82
$AgCl$　37, 52, 55, 140
$Al(OH)_3$　37, 46, 51, 143, 144
$[Al(OH)_4]^-$　51, 144
Al^{3+}　37, 50, 143
Arrhenius　106

Ba^{2+}　37, 79
$Ba_3(PO_4)_2$　82
$BaCO_3$　37, 81
$BaSO_4$　81
$Bi(NO_3)(OH)_2$　59
$Bi(OH)_3$　60
Bi_2S_3　37, 59, 146
Bi^{3+}　37, 59, 146
$BiOCl$　59
Br_2　123, 134
BT指示薬　93

$Ca(NH_4)_2(SO_4)_2$　77
Ca^{2+}　37, 77, 79
CaC_2O_4　77
$CaCO_3$　37, 77
$CaSO_4$　77, 78
$(CH_3)_4Si$　170
cis 体　164
$[Co(H_2O)_6]^{2+}$　83, 164
$[Co(NCS)_4]^{2-}$　165

$[Co(NCS)_n]^{2-n}$　70
$[Co(NH_3)_6]^{2+}$　69, 165
$[Co(NH_3)_6]^{3+}$　69, 165
$[Co(NO_2)_6]^{3-}$　164
$Co(NO_3)(OH)$　69
$Co(OH)_2$　69
$Co(OH)_3$　69
Co^{2+}　37, 69, 83, 145, 146, 165
Co_2O_3　84
CO_3^{2-}　80, 81
$CoCl_2$　83
$[CoCl(NH_3)_5]^{2+}$　165
CoS　37, 70, 145
$[Cu(NH_3)_4]^{2+}$　59, 165
$Cu(NO_3)(OH)$　58
$Cu(OH)_2$　58
Cu^{2+}　37, 58, 146
$Cu_2Fe(CN)_6$　59
CuS　37, 58, 146, 154
^{13}C核　169

doublet　171

EDTA　92, 163

$[Fe(CN)_6]^{3-}$　164
$[Fe(CN)_6]^{4-}$　164
$[Fe(NCS)_n]^{3-n}$　50
$Fe(OH)_3$　37, 46, 50, 142
$[Fe(OH)_4]^-$　50
Fe^{3+}　37, 50, 143

Guggenheim プロット　113

H_2O_2　66
H_2S　37, 56, 58, 59, 66, 67, 69, 71, 147
$HCO_2C_2H_5$　113
Hofmann　136
HOMO　151
^1H 核　169

I_2　97, 102
ICP-AES　157
IUPAC　163

K^+　79
$K[Fe^{III}Fe^{II}(CN)_6]$　50
$K_2S_2O_8$　102
$K_2Zn_3[Fe(CN)_6]_2$　66
$K_4Fe(CN)_6$　47
KI　86, 97, 102
KIO_3　97
KNCS　47

Li^+　79
LUMO　151

$Mg(OH)_2$　78, 94
Mg^{2+}　37, 78
$MgCl_2$　95
$MgNH_4PO_4$　78, 82
$Mn(OH)_2$　67
Mn^{2+}　37, 66, 146
Mn_2O_3　67
$MnO(OH)$　67, 68
MnO_2　67
MnO_4^-　68
MnS　37, 67, 146, 154
multiplet　171

Na^+　79

$Na_2S_2O_3$　97, 103, 135
$NaBiO_3$　68
NaClO　97, 136
$NaNO_2$　124
$NH_2C(=S)NH_2$　60
$[Ni(C_4H_7N_2O_2)_2]$　164, 165
$[Ni(NH_3)_6]^{2+}$　71, 165
$Ni(NO_3)(OH)$　70
$Ni(OH)_2$　70
Ni^{2+}　37, 70, 146, 165
NiS　37, 71, 146
NN 指示薬　94

OH^-　142, 144

$Pb(OH)_2$　54
$[Pb(OH)_3]^-$　54
Pb^{2+}　37, 54, 146
$PbCl_2$　37, 54, 142
$PbCrO_4$　54, 142
PbS　37, 142, 146
$PbSO_4$　54, 142
pH　88, 142, 144, 147
pH 試験紙　10
pH 指示薬　88
pK_a　167
PO_4^{3-}　80, 82

quartet　171

R_f 値　23

singlet　171
$[Sn(OH)_4]^{2-}$　58, 60
Sn^{2+}　37, 145, 146
SnS　37, 145
SO_4^{2-}　80, 81
Sr^{2+}　37, 77, 79
SrC_2O_4　78

索引 183

SrCO$_3$ 37, 77
SrSO$_4$ 76, 78

TMS 170
trans 体 164
triplet 171

[Zn(NH$_3$)$_4$]$^{2+}$ 66, 165
Zn(OH)$_2$ 65
[Zn(OH)$_4$]$^{2-}$ 65
Zn^{2+} 37, 65, 146, 165
Zn$_2$[Fe(CN)$_6$] 66
ZnS 37, 66, 146, 154

■ア行■
亜鉛酸イオン 65
亜硝酸ナトリウム 124
アスピレーター 17
N-アセチルアントラニル酸 136
2-アセチルナフタレン 119
アセトアニリド 134
2-アセトアミド安息香酸 136
アゾ基 123, 152
アゾ色素 123
亜鉄酸イオン 50
亜ナマリ酸イオン 54
p-アニシジン 127
アミド 127
2-アミノ安息香酸 124, 136
4-アミノベンゼンスルホン酸 124
アルデヒド 120
アルミノン 51
アルミン酸イオン 51
アレニウス式 106
安全ピペッター 5
安息香酸 119
アントラニル酸 124

イソシアナート 136

一重線 171

2,2',2'',2'''-(エタン-1,2-ジイルジニトリロ)四酢酸 92, 163
エチレンジアミン四酢酸 92, 163
エネルギーバンド 154
エリオクロムブラック T 93
塩化銀 55, 140
塩化コバルト (II) 83
塩化酸化ビスマス (III) 59
塩化鉛 54
塩化マグネシウム 95
塩基性硝酸コバルト 69
塩基性硝酸銅 58
塩基性硝酸ニッケル 70
塩基性硝酸ビスマス 59
炎色反応 76, 148
遠心管 20
遠心沈降 15, 39
遠心分離機 20

王水 70, 71
オキシ塩化ビスマス 59

■カ行■
化学シフト 170
可視光 123, 148
加色混合 148
加水分解 113, 131
ガスバーナー 13
カセロール 12
活性化エネルギー 106
活性炭 108, 127, 131, 137
活性炭管 57
価電子帯 154
過マンガン酸イオン 68
過硫酸カリウム 102
カルコンカルボン酸 94
カルボン酸 119

184　索　　引

カルボン酸無水物　127
緩衝溶液　50, 93
官能基分析　120

擬一次反応速度定数　102
ギ酸エチル　113, 117
輝線スペクトル　150
基底状態　151, 155
逆滴定　87
キャピラリー　22
吸引ろ過　17, 127
吸光　151
吸光度　159
吸収スペクトル　151
吸着　108
吸着等温式　108
吸着平衡定数　109
求電子試薬　127
鏡像異性体　164
共通イオン効果　141
共役塩基　167
共役酸　167
キレート　162
キレート滴定　92
緊急シャワー　3

グッゲンハイムプロット　113
クロム酸鉛　54
クロロフィル　149

蛍光　124, 151
蛍光色素　124
傾斜法　16
ケトン　120
原子吸光分析装置　156
原子吸光分析法　155
原子蛍光分析法　155
原子発光分析法　155
検量線　159

国際純正応用化学連合　163

■サ行■

再結晶　129
最高被占軌道　151
最小二乗法　177
最低空軌道　151
酢酸エチル　172
酢酸メチル　117
錯体　92, 162
酸・塩基　167
酸解離指数　167
酸解離定数　167
酸化コバルト (III)　84
酸化マンガン (IV)　67
酸化マンガン (III)　67
三酸化ナトリウムビスマス　65
三重線　171
三方コック　18

次亜塩素酸ナトリウム　97, 136
ジアゾニウム塩　123
ジアンミン銀 (I) イオン　55
紫外線　148
紫外線ランプ　24, 126, 132
色素　123, 152
磁気モーメント　169
2,4-ジクロロアニリン　119
指示薬　87
自然対数　31
自然ろ過　16
実験廃棄物　3
2,4-ジニトロフェニルヒドラジン　120
2,4-ジニトロフェニルヒドラゾン　120
磁場　169
N,N-ジメチルアニリン　124
ジメチルグリオキシム　71
遮へい　170
臭化カリウム　126, 134

シュウ酸　88, 90
シュウ酸カリウム　85
シュウ酸カルシウム　77
シュウ酸ストロンチウム　78
臭素　125, 134
臭素酸カリウム　126, 134
終点　87
硝酸　130
硝酸銀　85
常用対数　31, 103
振動運動　151

水酸化亜鉛　65
水酸化アルミニウム　51
水酸化コバルト (II)　69
水酸化コバルト (III)　69
水酸化鉄 (III)　50
水酸化銅　58
水酸化鉛　54
水酸化ニッケル　70
水酸化ビスマス　60
水酸化物　142
水酸化マグネシウム　78
水酸化マンガン (II)　67
水流ポンプ　17
スパチュラ　9
スピン分裂　171
スポイト　5, 15

正四面体形　165
正八面体形　165
精密電子天秤　9, 98
積分　103
積分値　172
絶縁体　154
絶対温度　107
セミミクロ定性分析　36
セラミックス付き金網　12
遷移金属錯体　166

線形回帰　177

属　36
　　—分離　36
速度定数　101
属内分離　37
測容器具　6

■タ行■
第 I 属カチオン　37
第 II 属カチオン　37, 145
第 III 属カチオン　37
第 IV 属カチオン　37, 145
第 V 属カチオン　37
第 VI 属カチオン　37
多座配位子　162
多重線　171
炭酸イオン　80
炭酸カルシウム　77
炭酸水素ナトリウム　131
炭酸ストロンチウム　77
炭酸バリウム　81

チオアセトアミド　56
チオシアン酸カリウム　47
チオシアン酸コバルトイオン　70
チオ尿素　58
チオ硫酸ナトリウム　97, 103, 135
チモールブルー　88
中空陰極ランプ　156
中心原子　92, 162
直線形　165
沈殿
　　—の完成　38
　　—の熟成　38
　　—の沈降分離　39

呈色反応皿　10
定性反応

—Ag^+　55
—Al^{3+}　50
—Bi^{3+}　59
—Ca^{2+}　77
—Co^{2+}　69
—CO_3^{2-}　81
—Cu^{2+}　58
—Fe^{3+}　50
—Mg^{2+}　78
—Mn^{2+}　66
—Ni^{2+}　70
—Pb^{2+}　54
—PO_4^{3-}　82
—SO_4^{2-}　81
—Sr^{2+}　77
—Zn^{2+}　65
定性分析　36
定量分析　36
滴定　87
デシケーター　10
テトラアンミン亜鉛 (II) イオン　66
テトラアンミン銅 (II) イオン　59
テトラブロモフルオレセイン　124
テトラメチルシラン　170
展開液　22
電子構造　150
電磁波　148
伝導帯　154
電熱式水浴　11
デンプン液　98

当量点　87
共洗い　6

■ナ行■
1-ナフトール　119

二酸化炭素　90
二酸化マンガン　67

二重線　171
ニッケルジメチルグリオキシム　71
ニトロ化合物　130
尿素　124

熱時ろ過　128

■ハ行■
配位結合　92, 162
配位原子　162
配位子　92, 162
配位数　162
薄層クロマトグラフィー　23, 121, 132
薄層板　23
p-キノイド構造　153
半導体　154
万能 pH 試験紙　10, 48
反応速度　101
反平行　169

非共有電子対　127
ビス（ジメチルグリオキシマト）ニッケル (II)　71
ビスマス酸ナトリウム　65
ひだ折りろ紙　17
微分形　101
ビュレット　7
標準偏差　176
標準溶液　87
標線　6
標定　87
標本標準偏差　175
微量融点測定器　24

風袋引き　9, 98
フェノール　119
フェノールフタレイン　88, 90, 153
フェロシアン化亜鉛　66
フェロシアン化亜鉛カリウム　66

索引　187

フェロシアン化カリウム　47
フェロシアン化銅　59
フタルイミド　136
ブフナー漏斗　18
フラッシュバック　14
フルオレセイン　123, 125, 153
プルシアンブルー　50
プロトン　152, 167, 169
4-ブロモアセトアニリド　134
ブロモチモールブルー　88
ブロモフェノールブルー　88
分属　37
分離確認系統図
　―第Ⅰ属　40
　―第Ⅱ属　41
　―第Ⅲ属　42
　―第Ⅳ属　43
　―第Ⅴ属　44
　―第Ⅵ属　45
分離系統図　38, 39

平行　169
平面正方形　165
β-カロテン　152
ペーパークロマトグラフィー　22, 125
ヘキサアクアコバルト(II)イオン　164
ヘキサアンミンコバルト(II)イオン　69
ヘキサアンミンニッケル(II)イオン　71
ヘキサシアニド鉄(II)酸亜鉛　66
ヘキサシアニド鉄(II)酸亜鉛カリウム　66
ヘキサシアニド鉄(II)酸イオン　164
ヘキサシアニド鉄(II)酸銅　59
ヘキサシアニド鉄(III)酸イオン　164
ヘキサニトリト-κN-コバルト(III)酸イオン　164
ペルオキシ二硫酸カリウム　102
ベルリンブルー　50
ペンタアンミンクロリドコバルト(III)イオン　164

ペンタアンミンクロリドコバルト(III)塩化物　83
変動係数　175

芳香族求電子置換反応　130
飽和吸着量　109
ホールピペット　5
保護管　20
保護メガネ　1
母集団　175
補色　148
ホフマン転位　136

■マ行■
マグネソン試薬　79

無機沈殿　154
無水酢酸　127, 138
無水フタル酸　123
無輻射遷移　151

メートルグラス　7
メスシリンダー　7
メスフラスコ　8
メチルオレンジ　88, 123, 152
メチルレッド　88, 123, 152
4-メトキシアセトアニリド　127, 130, 172, 173
4-メトキシアニリン　127, 172, 173
4-メトキシ-2-ニトロアセトアニリド　130, 131, 172, 173
4-メトキシ-2-ニトロアニリン　131
目盛り　8

毛細管　22

■ヤ行■
薬品　2
薬包紙　26

有効
　　—桁数　30
　　—数字　30
融点　24, 129, 135
融点測定　24, 121
誘導結合プラズマ発光分析法　157

溶解性試験　119
溶解度積　141
溶解平衡定数　141
ヨウ化カリウム　86, 97, 102
ヨウ素　84, 97, 102
ヨウ素-デンプン複合体　97
ヨウ素酸カリウム　97
容量フラスコ　8
ヨードメトリー　97, 102
四重線　171

■ラ行■

ラクトン　153
ラングミュア式　108

リガンド　162
立体構造　164
リトマス　88
リトマス紙　10
硫化亜鉛　66
硫化コバルト　70
硫化水素　56, 147
硫化銅　58
硫化ニッケル　71
硫化ビスマス　59
硫化物　145
硫化物イオン　145, 147
硫化マンガン　67
硫酸イオン　80
硫酸カルシウム　77
硫酸ストロンチウム　78
硫酸鉛　54
硫酸バリウム　81
両性水酸化物　144
良導体　154
リン酸アンモニウムマグネシウム　78, 82
リン酸イオン　80
リン酸銀　82
リン酸バリウム　82

ルイス酸　134

励起状態　151, 155
レーキ　51, 79
レソルシノール　123

漏斗　16
ろ過鐘　18
ろ紙　16, 22

執筆および実験検討者

雨澤浩史
池見行雄
上田純平
内本喜晴
折笠有基
梶井克純
酒井尚子
杉山雅人
下野智史
高橋弘樹
多喜正泰
田部勢津久
田村　類
津江広人
林　直顕
福塚友和
藤田健一
堀　智孝
堀部正古
村中重利
山口良平
山本行男
吉田あゆみ
吉田寿雄

基礎化学実験　第 2 版増補
Fundamental Chemical Experiments
2nd ed., Enlarged

2008 年 3 月 10 日	初版 1 刷発行
2012 年 3 月 1 日	初版 10 刷発行
2013 年 3 月 25 日	第 2 版 1 刷発行
2018 年 3 月 25 日	第 2 版 10 刷発行
2019 年 4 月 1 日	第 2 版増補 1 刷発行
2024 年 2 月 10 日	第 2 版増補 11 刷発行

編　者　京都大学 大学院人間・環境学研究科
　　　　化学部会　© 2019

発行者　南條光章

発行所　**共立出版株式会社**
　　　　〒112-0006
　　　　東京都文京区小日向 4-6-19
　　　　電話　03-3947-2511（代表）
　　　　振替口座　00110-2-57035
　　　　URL www.kyoritsu-pub.co.jp

印　刷
製　本　啓文堂

検印廃止
NDC 432

ISBN 978-4-320-04494-4

一般社団法人
自然科学書協会
会員

Printed in Japan

|JCOPY| ＜出版者著作権管理機構委託出版物＞
本書の無断複製は著作権法上での例外を除き禁じられています．複製される場合は，そのつど事前に，出版者著作権管理機構（ＴＥＬ：03-5244-5088，ＦＡＸ：03-5244-5089，e-mail：info@jcopy.or.jp）の許諾を得てください．

常用対数表（3桁）

	0.00	0.01	0.02	0.03	0.04	0.05	0.06	0.07	0.08	0.09
1.0	0.000	0.004	0.009	0.013	0.017	0.021	0.025	0.029	0.033	0.037
1.1	0.041	0.045	0.049	0.053	0.057	0.061	0.064	0.068	0.072	0.076
1.2	0.079	0.083	0.086	0.090	0.093	0.097	0.100	0.104	0.107	0.111
1.3	0.114	0.117	0.121	0.124	0.127	0.130	0.134	0.137	0.140	0.143
1.4	0.146	0.149	0.152	0.155	0.158	0.161	0.164	0.167	0.170	0.173
1.5	0.176	0.179	0.182	0.185	0.188	0.190	0.193	0.196	0.199	0.201
1.6	0.204	0.207	0.210	0.212	0.215	0.217	0.220	0.223	0.225	0.228
1.7	0.230	0.233	0.236	0.238	0.241	0.243	0.246	0.248	0.250	0.253
1.8	0.255	0.258	0.260	0.262	0.265	0.267	0.270	0.272	0.274	0.276
1.9	0.279	0.281	0.283	0.286	0.288	0.290	0.292	0.294	0.297	0.299
2.0	0.301	0.303	0.305	0.307	0.310	0.312	0.314	0.316	0.318	0.320
2.1	0.322	0.324	0.326	0.328	0.330	0.332	0.334	0.336	0.338	0.340
2.2	0.342	0.344	0.346	0.348	0.350	0.352	0.354	0.356	0.358	0.360
2.3	0.362	0.364	0.365	0.367	0.369	0.371	0.373	0.375	0.377	0.378
2.4	0.380	0.382	0.384	0.386	0.387	0.389	0.391	0.393	0.394	0.396
2.5	0.398	0.400	0.401	0.403	0.405	0.407	0.408	0.410	0.412	0.413
2.6	0.415	0.417	0.418	0.420	0.422	0.423	0.425	0.427	0.428	0.430
2.7	0.431	0.433	0.435	0.436	0.438	0.439	0.441	0.442	0.444	0.446
2.8	0.447	0.449	0.450	0.452	0.453	0.455	0.456	0.458	0.459	0.461
2.9	0.462	0.464	0.465	0.467	0.468	0.470	0.471	0.473	0.474	0.476
3.0	0.477	0.479	0.480	0.481	0.483	0.484	0.486	0.487	0.489	0.490
3.1	0.491	0.493	0.494	0.496	0.497	0.498	0.500	0.501	0.502	0.504
3.2	0.505	0.507	0.508	0.509	0.511	0.512	0.513	0.515	0.516	0.517
3.3	0.519	0.520	0.521	0.522	0.524	0.525	0.526	0.528	0.529	0.530
3.4	0.531	0.533	0.534	0.535	0.537	0.538	0.539	0.540	0.542	0.543

	0.00	0.01	0.02	0.03	0.04	0.05	0.06	0.07	0.08	0.09
3.5	0.544	0.545	0.547	0.548	0.549	0.550	0.551	0.553	0.554	0.555
3.6	0.556	0.558	0.559	0.560	0.561	0.562	0.563	0.565	0.566	0.567
3.7	0.568	0.569	0.571	0.572	0.573	0.574	0.575	0.576	0.577	0.579
3.8	0.580	0.581	0.582	0.583	0.584	0.585	0.587	0.588	0.589	0.590
3.9	0.591	0.592	0.593	0.594	0.595	0.597	0.598	0.599	0.600	0.601
4.0	0.602	0.603	0.604	0.605	0.606	0.607	0.609	0.610	0.611	0.612
4.1	0.613	0.614	0.615	0.616	0.617	0.618	0.619	0.620	0.621	0.622
4.2	0.623	0.624	0.625	0.626	0.627	0.628	0.629	0.630	0.631	0.632
4.3	0.633	0.634	0.635	0.636	0.637	0.638	0.639	0.640	0.641	0.642
4.4	0.643	0.644	0.645	0.646	0.647	0.648	0.649	0.650	0.651	0.652
4.5	0.653	0.654	0.655	0.656	0.657	0.658	0.659	0.660	0.661	0.662
4.6	0.663	0.664	0.665	0.666	0.667	0.667	0.668	0.669	0.670	0.671
4.7	0.672	0.673	0.674	0.675	0.676	0.677	0.678	0.679	0.679	0.680
4.8	0.681	0.682	0.683	0.684	0.685	0.686	0.687	0.688	0.688	0.689
4.9	0.690	0.691	0.692	0.693	0.694	0.695	0.695	0.696	0.697	0.698
5.0	0.699	0.700	0.701	0.702	0.702	0.703	0.704	0.705	0.706	0.707
5.1	0.708	0.708	0.709	0.710	0.711	0.712	0.713	0.713	0.714	0.715
5.2	0.716	0.717	0.718	0.719	0.719	0.720	0.721	0.722	0.723	0.723
5.3	0.724	0.725	0.726	0.727	0.728	0.728	0.729	0.730	0.731	0.732
5.4	0.732	0.733	0.734	0.735	0.736	0.736	0.737	0.738	0.739	0.740
5.5	0.740	0.741	0.742	0.743	0.744	0.744	0.745	0.746	0.747	0.747
5.6	0.748	0.749	0.750	0.751	0.751	0.752	0.753	0.754	0.754	0.755
5.7	0.756	0.757	0.757	0.758	0.759	0.760	0.760	0.761	0.762	0.763
5.8	0.763	0.764	0.765	0.766	0.766	0.767	0.768	0.769	0.769	0.770
5.9	0.771	0.772	0.772	0.773	0.774	0.775	0.775	0.776	0.777	0.777